中公新書 2732

吉川 賢著

森林に何が起きているのか

気候変動が招く崩壊の連鎖

中央公論新社刊

はじめに

遠い昔から森は人々の生活を支えてきた。そして農耕はその森を利用する営みであった。人々との長い付き合いの果てに、いま世界中で森林は荒れ果て、失われていっている。文明が森を滅ぼし、森の消失が文明を滅ぼしたとはよく言われることだが、それは単なる歴史の教訓ではない。森林が減り続けている今、それは現在進行形の現実である。

かつては家の周りで木を伐り、林地を耕し、家畜に新芽を食わせて暮らしてきた我々だが、今はその活動がより広域になり、手の届く範囲への影響だけですまなくなっている。人間の活動に伴って、森林は従来とは別の生態系に変貌しつつあり、化石燃料の大量使用による温室効果ガスの増加が引き起こす気候変動は、さまざまな形で人為を超えた広がりを持って森林生態系をむしばんでいる。

森林がもたらす便益はどれも我々の生活に欠かせないものである。森林が失われることで我々はさまざまな災厄を被るが、そのスケールは日に日に拡大し続けている。失ってそのありがたみを知るのは「親」だけにしておかなければ、我々の暮らしが立ちゆかなくなり、子供たちには色あせた未来しか引き渡せなくなる。こうした危機を煽るような言葉を連ねるのに苦労しないほど、事態は切迫している。しかし、環境、それも地球環境という大きなスケールの話は日常生活と結びつきにくいので、ＳＤＧｓのような総花的なキャンペーンで歓心を買わなければ、事態の改善にはなかなかつながらない。

本書では、気候変動が深刻化する状況下での森林の取り扱い方を考えたい。そのためには、森林のことをまずは知ってもらわなければならない。そもそも、森林は単に木がたくさん生えているだけのものではない。そのことは、人が集まって暮らせばできあがるコミュニティが、単なる個人の集まりではなくなるのと同じだ。したがって、その劣化の仕方も、また復元の歩みも一筋縄ではいかない。まずはどんな要因が、どんな森林を、どのように劣化させているのかを見てもらいながら、森林が構築している微妙で精巧な立地環境との関係を示そう。

失われた森林を元に戻そうとする活動は、世界中のあらゆる地域でさまざまなスケールで進められており、その規模は決して小さいものではない。それでも、世界中で森林は減り続けている。森林そのもののためにも、我々の生活を守るためにも、有効な対策を早急にとらなければならないことはみんな分かっているだろう。しかし、いったん失われた森林を復元することは容易なことではない。たとえ質が低下しただけの森林でさえ、本来の機能が発揮できるところまで戻すには、広大な土地を対象にしなければならないし、途方もなく長い時間がかかる。しかも、いったん対策を実施しはじめてしまえば、長いあいだ同じ方針を維持し続けなければならない。森林は我々と時間も空間もスケールがだいぶ違う世界である。急を要するからこそ、まず落ち着いて事の成り行きを見極め、その行方を判断する冷静さが求められている。むやみと木を植えればいいわけではないし、囲って守れば自然の生態系が戻ってくるわけでもない。森林と我々の暮らしの新しい関係を構築するために、広い視野に立ってグランドデザインが描ける知性が欠かせない。

一口に「森林」と言っても、関わってみると実に複雑で厄介だが、その分味わいもあるものだ。そして目下の環境対策においても、頼りがいのある存在である。森林のそんなところを本書で知ってもらえればと願っている。

目次

コラム

森林に何が起きているのか

序章　多発する森林火災
——失われ続ける森林

1　森林火災は天災か、人災か？

国破れて山河あり？

シリアの地中海の港町ラタキアの東にあるサーヒリーヤ山脈の山中で、立派なアレッポマツの森林が焼き払われてしまっていた。シリアの国内情勢が比較的安定していた一九九〇年代のことで、政府は焼け跡の有効利用のため、火事で焼けた木は伐ってしまって開墾してもいいことにした。すると、みんなが急いで森林に火をつけた。ところが、焼け跡から木を伐り出しただけで、農地はまったく作られていなかった。

森林や樹木は農地のように所有権や使用権が個人に属することが少なく、多くは地域社会の慣習によって守られてきたため、社会が不安定になり、規制がなくなったり緩んだりすると、真っ先に破壊的に利用されてしまう。森林の「コモンズの悲劇」である。その後の消耗戦の様相を呈する内戦の中で、シリアの森林はどうなってしまっただろう。「国破れて山河あり」と謳った詩人の時代は遥か昔、機動力のある争いの中では、森林や山地がまず最初に荒廃してしまう。

戦争に伴う社会不安によって、森林が無秩序に利用されてしまう傾向は洋の東西を問わない。さらに、気候変動による環境条件の変化や、人口増加による開発利用促進の圧力の高まりなど、自然・社会経済にまたがるさまざまな要因で森林は失われている。被害の大きさに世間の耳目が集まる世界中の大規模な火災を例に取りながら、森林火災から見える森林と気候変動、そして人々の暮らしの関係をはじめに見てみよう。

日本の山火事

まず、日本の森林火災から見ていく。日本で新型コロナウイルスのワクチン接種がはじまったばかりの二〇二一年二月に起こった、栃木県足利《あしかが》市の山火事は記憶に新しい。全部で一六七ヘクタールの山林が焼失して、発生から二〇日余りかかって鎮火したが、その間に三〇〇世帯以上に避難勧告が出て、中学校は休校、近くの高速道路も一時通行止めになるなど、日常生活に少なからぬ被害が出た。ハイカーの火の不始末が原因の可能性は高いが、出火原因の特定は難しいだろう。

山火事は雷や噴火などの自然現象によって起こるものと、焚き火の不始末、放火など人の行為で発生するものとがある。日本の山火事の三分の一は焚き火の不始末で、その後に野焼きなどの火入れと放火が続く。落雷などによる自然発火はほとんどなく、日本の山火事のほぼすべては人の手にかかるものである。それでも、山火事には季節性がある。山火事が起こるのは二月〜五月が多く、なかでも四月に集中している。特に太平洋側でその傾向が強い。この時期、春一番のような脊梁《せきりょう》山脈を越えてやって来る北風はフェーン現象を起こす乾いた風で、連日乾燥注意報が出る。それに加えて、春は枯れ草が多くなるので、山はいっそう燃えやすくなっている。つまり、日本では乾燥が山火事に大きな影響を与えている。

樹木が燃えて火が大きくなると、強い上昇気流が起こって、火のついた枝などが飛ばされて飛び火するので、山林は燃えはじめるとなかなか消火できない。先の足利市の場合、燃えている現場に消防車は近づけないし、山には水がないので、消防団員や自衛隊員など延べ一九〇〇人が出動して、人力で麓から水を運び上げた。そんなとき、ヘリコプターによる撒水が威力を発揮する。足利市では一五〇〇トンの水がヘリコプターで山に撒かれたが、現場中継を見る限りなかなか火は消えなかった。この撒水は火を直接消すのが目的ではなく、周辺を湿らせて延焼を防ぐためのものなので、空から水が落ちて来たからといって、火の手はすぐには弱まらない。ニュースを見ている人はまどろっこしく感じただろうし、本当に効果があるのかと疑いを持ったかもしれない。

図0－1：カンバ林を横断する防火帯

山火事を消すためには、このヘリコプター撒水のように燃えにくくするほかに、燃えるものをなくして延焼を防ぐ方法も有効である。迫り来る炎の壁を前に、防火服を着た消防士がチェーンソーで大木を伐り倒すのをアメリカのニュース映像などで見るのはこれで、江戸の火消しが纏《まとい》を大屋根に立てて、家屋を打ち壊していったのも同じだ。見ているほうは勝手なもので、こちらは火消しも消防士も勇ましく、そして頼もしく見える。あらかじめ山火事が起こりそうなところの木を伐っておくのが防火帯で、一番確実で危険が少ない。

さらに、山火事が起こったあと、防火帯の中の可燃物をなくすために、防火帯の周辺に火をつけて、火事の前線までのあいだの可燃物を燃やしてしまう方法もあるが、効果的に実施するには地形や風向きなどを考える熟達した技術が必要だ。

日本の山火事は一九六〇年代から増えはじめ、一九七〇年代には年間七〇〇〇〜八〇〇〇件起こっていた。そのころは高度経済成長による都市への人口集中が続き、山村は過疎化で防火や消火の体制が弱体化していたのである。その後は一貫して減少傾向にあり、二〇一四年以降は年間一〇〇〇〜一四〇〇件ほどで推移している。焼失面積は年間四〇〇〜九〇〇ヘクタールほどで、大規模な山火事は少ない。ここ二〇年間に起こった一〇〇ヘクタール以上の大きな森林火災は九件あり、二〇一七年の岩手県釜石《かまいし》市の四一三ヘクタールが最大である。したがって、先の足利市の森林火災は記録的に大きな火災の一つに挙げられる。後述するように、二〇一九年には世界各地で大規模森林火災が発生したが、その年の日本の山火事の発生件数は長期の減少傾向の中にあって、増加するような兆候は一切認められなかった。つまり、日本の山火事は気候変動との関連は認められていない。

それでもこのように湿潤な日本でさえ、乾燥が森林火災を引き起こしている。ましてや乾燥して水の不足している地域での火災の危険はいかばかりだろう。続いて北米とオーストラリアの状況を見てみよう。

2　乾燥地の大森林火災

カリフォルニア州で二〇二〇年に大火災

少なくとも一九七〇年以降、アメリカ西部で森林火災は増え続けていて、二〇〇五年までの大規模森林火災の頻度は一九七〇年までの四倍、焼失面積は六倍になっている。そして毎年のように、「今年は観測史上最悪の森林火災焼失面積を記録した」と報じられてきた。二〇二〇年八月一六日にカリフォルニア州で落雷によって発生した火災は一ヶ月以上燃え続け、最終的に一万七八〇〇平方キロメートル以上という過去最大の焼失面積を記録した。これは岩手県全体の面積よりも広いし、森林面積にすると岩手県と青森県の森林がすべて燃えてしまったことになる。それでもこの調子でいけば、カリフォルニア州では森林火災面積のレコードはこれから毎年塗り替えられていくだろう。

カリフォルニアは降水量六〇〇ミリメートル足らずの乾燥地で、二月から一〇月の乾季にサンタアナという北寄りの乾熱風が吹くと火災の危険が高まる。これまでは二ヶ月ほどが危険な季節であったが、現在は気候変動によって乾季が長引き、枯れ木も増えたので、一年中、火事が起こりやすくなっている。

カリフォルニア州が緊急事態を宣言した二〇二〇年八月の大火災の背景には、長期の干ばつ

図0-2：北米の大規模な山火事（橘隆一氏提供）

と異常な高温があった。まず一月から二月にかけてほとんど降雨がなく、記録的な干ばつに見舞われた。八月〜九月の熱波では、デスバレーで観測史上最高の五四・四℃を、ロサンゼルスも九月六日に四九・四℃を記録した。八月八日〜一四日の森林周辺の裸地や灌木林における地表面温度は、六〇℃を超えていた。しかも、カリフォルニアでは降雨をほとんど伴わない乾いた雷が発生する。つまり、二〇二〇年の火災は、長くて強い干ばつと記録的な熱波による高温でからからに乾いてしまった森林に、雷が火をつけて燃え広がったものだ。この火災の煙は、九月には北欧まで届いたといわれている。

大規模な火災は森林生態系の構造を元から破壊し、植被を失った林地は浸食を受けはじめ、洪水や山地崩壊が起こりやすくなる。多数の動植物は住み場所を失い、食物連鎖は断ち切られ、一瞬にしてまったく違う生態系になってしまう。さらに、火事によって大気中に放出された二酸化炭素は温暖化を促進し、エアロゾルで健康被害をもたらし、さまざまなところに社会・経済的なダメージを与える。

火災はこうして森林の営みを大きく攪乱《かくらん》するが、一方で、火事の頻度と強さが植生の構造を決めている場合もある。すなわち、自然に発火する火事は、文字通り自然なイベントであり、生態系の動態と緊密な関係を持った環境要因でもある。こうしたことを考慮に入れず、火入れの制限や防火に伴った森林の利用規制で火災を起こりにくくするだけでは、火事に依存していた動植物が被害を受けることになる。我々の生活には防火や消火の備えは欠かせないが、自然生態系に対しては、火事の取り扱いとその対応は慎重にしなければならない。

大規模火災が起こったカリフォルニアは、メキシコまで広がる乾燥地である。落雷などによる火事の直後、種子で繁殖する一年生植物や短命な低木が生育をはじめる。その後、より寿命の長い樹木が侵入する。さらに火事が起こらなければ乾燥に強く長命な常緑広葉樹が出現し、樹高一～三メートルのマツやカシが混生する硬葉低木林になる。火事の発生が三〇年から五〇年ほどの周期であればこの低木林が維持される。ただし、ここでは高温乾燥の夏と秋から冬の乾熱風によって不規則な間隔で火事が起こる。火事が短い周期で繰り返すと、遷移の途中で元の焼け跡に戻るので、硬葉低木林まで発達しない。数年程度の短い周期で火事が繰り返されると、イネ科植物が優占《ゆうせん》する草原になる。カリフォルニアは、それら遷移段階の異なるさまざまな自然植生がモザイク状に分布する地域なのだ。

　火事の頻度で優占する植生が変化するという点は重要である。火事の破壊的な面が強調され過ぎて、防火対策が過度に進むと、現地の環境に適応した本来のプロセスが歪められ、自然な動植物の生態系が変質しかねない。そのため、火事によって維持されている自然植生にとって、自然現象としての火事を消すことは、環境保護の立場からは必ずしも推奨されるものではない、との意見がある。

　両者のバランスを取る難しさを示す例を挙げよう。カリフォルニア州のイエローストーン公園は、一八七二年に公園に指定されて以降、火事の発生を防止し、発生した火事は懸命に消してきた。しかし、一九七二年からは自然の営みにはできるだけ関わらないようにするために、自然発火した火事は原則として消火せず、自然に鎮火するのを待つという方針に変わった。その結果、一九八八年の大火災では公園の半分以上が焼失してしまった。自然保護を実践するあまり、火災が公園の外の住宅地に近づくころには手がつけられなくなって、住宅が次々と焼けてしまった。

　モンゴルの首都ウランバートルの西八〇キロメートルにあるフスタイ国立公園の山頂付近に広がるカンバ林は、自然条件に加えて、住民の利用による火事で維持されていた森林である。しかし、国立公園になって牧民による利用が制限されて火事が起こらなくなったため、カンバが更新できなくなった。現在は老齢化で、ほとんど全山のカンバ林が枯死していっている。

図0－3：フスタイ国立公園の全滅したカンバ林

「フスタイ」はモンゴル語でカンバを意味するが、そこからカンバ林が消えると、跡地は草原になってしまう。

林床《りんしょう》に枯れ葉や枯れ枝が堆積したものを「リター」と呼ぶが、リター層が火事で燃えると、基岩が風化しただけで有機物をまったく含まない鉱物質土壌が現れる。そこは水分や光条件が種子の発芽に適しているし、リター層の中にいた菌類がいなくなるので、発芽直後の苗木が病気に罹らないですむ。火事による地表の攪乱は種子の発芽・定着を容易にし、天然更新が促進される。今も牧民たちの利用は細々と続いているが、火事跡植生のカンバ林を再生させるには、もっと大規模に木も草も焼けてしまわなければならない。

現地でフィールドワークをしていた当時、公園の管理事務所に、山の上の枯れかけているカンバ林の更新を山火事で促進したいと相談を持ちかけたが、技術的な難しさもあって、丁寧に断られてしまった。火入れを含めて、火事を生態系の自然現象として受け入れるかどうかは地域の文化や住民生活の安全と直結する大きな課題である。そのため、今後も論戦は続き、消火活動はその都度、時の意向に振り回されることだろう。

山火事とは

山火事は、燃え方によっていくつかのタイプに分けられる。一番被害の少ないものは、林床のリターや枯れ草が燃える「地表火《ちひょうか》」である。延焼速度は速いが、樹木には致命的なものにならない。たとえば、中央アジアのカザフスタンの草原では枯れ草が燃えるだけの地表火しか起こらないので、草原の中に群生する多くのカンバは、根元は焼けてしまっても、そこからたくさんの萌芽枝を再生させているし、地表火で更新も促進される。

地表火が枯れ木や生木の樹皮や樹肌からしみ出した樹脂に燃え移り、幹が燃えはじめたものを「樹幹火《じゅかんか》」という。そうなると立木に被害が出はじめる。さらに、樹木の上部の枝や葉が集まった樹冠にまで火が及ぶ「樹冠火《じゅかんか》」になると、火のついた小枝が火事場の上昇気流に煽られて飛び散るので、周りのあちこちに飛び火して燃え広がり、大規模な火災になる。その結果、カリフォルニア州の大火災のように広大な面積の森林が被災する。

一方、地表火がリターの下に堆積している泥炭層などの有機物に引火すると「地中火《ちちゅうか》」となって厄介な火事に発展する。これについては、次節のインドネシアの山火事のところで詳しく述べよう。

火事が起こる危険もいったん火がついたあとの勢いも、林床にリターがたくさん溜まっていたり、枯れ木が多かったりするほど強くなる。火事が長いあいだ起こらないと林内に燃料が増えるので、被害も大きくなる。先述のシリア北部の乾燥地帯（ラタキア）では、一九九三年に二平方キロメートルほど（二〇〇ヘクタール）が焼失する大きな火災が起こった。長いあいだ火事がなかったため、久しぶりの山火事は勢いよく燃え広がった。しかし、翌年の二〇回の火事では全部で一五ヘクタールしか焼失しなかったし、その次の年からの一五回の火事はいずれも〇・一ヘクタール以下の小規模なものであった。最初の大火で燃料が燃え尽きてしまえば、その後は火事は起こりにくくなるし、規模も小さくなる。

コアラが逃げ惑った森林火災

国土のほとんどが高温で乾燥しているオーストラリアは、枯れ草や枯れ葉の摩擦が火種となって自然発火しやすく、どこもが山火事の起こりやすい環境である。それに加えて、オーストラリアの場合、主要な優占種のユーカリの葉にはテルペンが含まれているので燃えやすい。しかも近年の温暖化で、従来とは比べものにならないほど乾燥が進んでいる。二〇一九年はついに観測史上最も降水量が少なくなった上に、記録的な熱波が襲ったため、観測史上最も高温になり、森林火災の発生条件はすべて最高レベルでそろってしまった。そこでオーストラリア南東部の各地の森林で九月ごろから自然発火が相次ぎ、折からの強風に煽られて大規模な火災となった。翌年二月に豪雨があって鎮火するまで燃え広がり続け、なんと一七万平方キロメートルの森林が焼失し、大量の二酸化炭素が大気中へ排出され、火災の煙は南米まで届いた。

ところで、コアラがうつらうつらと暮らしているユーカリ林は、中に入るとほとんどの木の根元は黒く焦げているし、ユーカリの周りは草しか生えていない。ユーカリは葉も樹皮も燃えやすい。燃えやすいからこそ火事が頻発する環境に成立できるというのは一種のパラドックスだ。高い頻度で火事が繰り返されると林内の燃料が増えないので、ユーカリの葉がいくら燃えやすくても、ない袖は振れない。火事が繰り返されるほど火の勢いは弱まり、ついには地上部も地下部もさしたる被害を受けないぼや程度の火事しか起こらなくなるのは先のシリアの二、三年目と同じだ。ユーカリ林は火事が定期的に起こることで維持されている生態系である。

そんな火事なら、コアラもお尻が少し熱いなあと思うぐらいですむだろう。しかし、樹冠まで燃え広がった今回の森林火災では、場所によってはコアラの生息地の八〇パーセントが焼失してしまい、半数近くのコアラが焼死したと報告されている。このケースは、種々の要因によって、燃料をたくさん蓄積させない従来の火事のサイクルが正常に機能しないほど激しい火事が起こる環境が生まれてしまったことを示している。

それでは、もうこんな大規模火災が起こらないようにと、ユーカリ林で防火を徹底したら何が起こるだろうか。火事でやけどをするコアラは減るだろうが、先のカリフォルニアと同じように、コアラの餌になるユーカリは遠からず別の植物に置き換わってしまって、こんどはコアラは餌不足で棲み家を失うことになる。羹《あつもの》に懲りて膾《なます》を吹いてはいけない。ブリスベンの動物園で抱かせてもらったユーカリの臭いの強いコアラも、足下を跳ね回っていたカンガルーも、火に追われることはある程度織り込み済みで暮らしているのだ。さりとて、この大火の原因の幾分かは我々が引き起こしている気候変動であるとすれば、イエローストーン公園のように、すべて自然現象であると突き放してしまうわけにもいかない。自然との距離の取り方は実に難しい。

3　人が関わると湿潤熱帯でも大火災が起こる

アマゾンの火事

アメリカやオーストラリアで起こった森林火災は乾燥地の火災であるが、乾燥したところだけ森林火災が多いわけではない。アマゾンの熱帯雨林で驚くほどの広さの土地が燃えてしまっているとか、インドネシアの熱帯雨林の火災で発生した大量の煙が周辺諸国に押し寄せて、日常生活や住民の健康に大きな被害を与えているとかいうニュースを目にすることも多くなっている。アマゾンの広大な熱帯雨林には大量の炭素が蓄積されているので、そこで起こる大規模な火災には温暖化対策の面からも注目が集まっている。

二〇〇三年〜二〇一二年の一〇年間、世界中で熱帯林は毎年五七万平方キロメートルずつ焼失していた。それは総面積の三パーセントに相当し、世界の二酸化炭素排出量の二〇パーセントがこの熱帯林の焼失による。これは、サバンナや草原の火災で発生する二酸化炭素量の約半分に相当する。

アマゾンでは、二〇一九年七月にそれまで前例がなかったほどの大規模な森林火災が発生した。一ヶ所から燃え広がったのではなく、周辺のベネズエラやボリビアを含めるとなんと一〇万ヶ所以上の森林で火事が発生し、全部で四万平方キロメートル以上が焼失、大量の二酸化炭素が大気中へ排出された。二〇一九年の降水量は例年より幾分少ない程度で、特に少なかったわけではないので、この火災はカリフォルニアやオーストラリアのような干ばつや高温によるものではない。そして、この史上最悪とされた火災の二割増しほどの、さらに大規模な森林火災が翌年の二〇二〇年に起こっている。あまりに広域に及んだ火災のため、被害の実態は正確には把握されていないが、ここでも北米の場合と同じように毎年史上最大が繰り返されている。

熱帯雨林はそれぞれの樹木の樹冠がお互いに接しているため、森林全体の樹冠部（林冠）は隙間がなくなって閉鎖し、しかもたくさんの林冠層が重なった複雑な構造をしている。そのため林内は湿潤で、火事は起こりにくい。北米で自然発火の最も大きな原因となった落雷も、熱帯ではスコールを伴うため、自然な状態では火事に結びつくことはまずないし、乾季でさえもすぐに鎮火してしまう。

しかし、アマゾンの熱帯雨林では大規模な伐採が行われ、林冠に隙間ができて、林分《りんぶん》（樹種・樹齢・生育状態などがほぼ一様で、隣接するほかの森林と区別がつくひとかたまりの森林）の構造が変化してきている。大量の木材を搬出するための道路も延びてきている。近年はそうした伐採地の拡大に加えて、地域開発のための道路建設や農地の造成でも熱帯雨林が伐り払われている。そのような伐採が続くと、残された林分の外縁部（林縁《りんえん》）は、枝が樹幹の上部にしか付いていない樹木が立ち並ぶ無防備な状態になる。延々と続く林縁は枝がないため林分の中が透けて見えるようになって、風や光が入ってくる。そうすると林内が乾燥しはじめて火事が起こりやすくなり、火がつけば長く燃え続けて大規模な火災になるリスクが高くなる。急速に進む森林の分断化によって、火災が同時多発的に発生しやすくもなっている。

森林が破壊されただけなら火事にはならない。森林伐採地の六五パーセントの跡地では、牧場や農地として利用するために、林地に残された幹や枝葉を乾燥させて、乾季の終わりに一斉に火を放って燃やしてしまう。こうした火が火種となって火事が発生する。つまり、アマゾンの湿潤な熱帯林で発生している大規模な火災は、経済発展を目指した森林の破壊による土地の乾燥化と、粗放な火の扱いによる失火が原因の人為起源の火災である。

森林の火事は消しにくいので、大きな火事になる前の初期消火が大事だ。二〇一九年の火災では、地球環境保護の観点から主要七ヶ国首脳会議（G7）がブラジル政府に二三億円あまりの消火対策のための援助を申し出た。しかし、アマゾン開発を優先するブラジル政府はその申し出を拒否し、消火に消極的であったことを世界中から非難された。しかし、たとえ消火活動を積極的に行っていたとしても、これほど多くの場所で火事が同時発生してしまえば、効果的な消火活動はできなかったかもしれず、大規模な森林火災になってしまっても致し方なかったのではないだろうか。むしろ重要なことは、火事を発生させないようにする防火の段階で効果的な対策が採られていたかどうかを検証することである。今後の対策の改善を目指すのであればブラジル政府も異存はあるまい。

実際、アマゾンの森林開発の歴史は、経済発展のための規制緩和と熱帯雨林の保護のための規制強化が繰り返されている。先の見通しは立ちにくいが、ブラジル政府は二〇二一年の気候変動に関する首脳会議（気候サミット）で、温室効果ガス排出量を二〇五〇年には実質ゼロにするために、二〇三〇年までに違法な森林伐採を完全になくすと宣言した。これは熱帯林の焼失に対する欧米の批判を内政干渉としてきた従来の方針を転換したものである。さらに、半年後のCOP26では、環境関連の予算を増やして、二年前倒しした二〇二八年までに森林の違法伐採をゼロにするとした。地球環境の面からは歓迎すべき方針であるが、その間（二〇二〇年八月から二〇二一年七月）にもアマゾンの熱帯雨林は一・三万平方キロメートルも伐採されてしまっているので、ブラジル政府がどれだけ実効性のある対策をとれるかは注視していかなければならない。

インドネシアの泥炭湿地林が燃える

もう一つ、熱帯雨林の大規模な火災をインドネシアで見てみよう。二〇一五年にはスマトラ島やボルネオ島で二・六万平方キロメートルの森林が焼失する大規模な火災が発生し、一・七五ギガトン（一ギガトン＝一〇億トン）の二酸化炭素が放出された。そのとき発生した二酸化炭素や二酸化硫黄、二酸化窒素、粒子状物質（PM2・5）などを含む煙による大気汚染は、周辺のマレーシアやシンガポールなどに大きな健康被害をもたらした。ちなみにそのころの日本の年間の二酸化炭素排出量は一・二ギガトンであったから、この火災がどれほど大きなものであったかが分かる。二〇一九年にも七月から、同じくスマトラ島とボルネオ島で大きな森林火災が発生し、九月一〇日～一七日の一週間に観測された火災発生点は九万ヶ所近くにのぼり、一・二～一・六万平方キロメートルが焼失した。

インドネシアの火災で燃えているのは、主に熱帯泥炭湿地林《でいたんしっちりん》である。正確には、湿地林の樹木とその下の泥炭の両方が燃えている。インドネシアには泥炭地が約二一万平方キロメートルあって、約五八ギガトンの炭素が蓄えられている。熱帯で地下水位が高い湿地には有機物が分解されずに泥炭になって堆積する。湿地は開墾しても農地として使えないので、泥炭層の上の泥炭湿地林は長く手つかずの状態で放置されていた。しかし、排水路で地下水位を下げて泥炭湿地林をオイルパームやアカシア、ユーカリなどのプランテーションに変える大規模な開発がはじまったことで、湿地林は全面的に乾燥しはじめて、事態は急変することになった。

二〇一九年の火災のときの九万ヶ所近くの発火点の八割は湿地林の外で、一割は湿地を乾燥させて造成したプランテーションだった。つまり、火事の発生源のほとんどは湿地林が開墾されて農地になったところやその周辺の原野であった。そこは、地元農民や入植者が農地の除草や泥炭を燃やして灰（肥料）を採るために、慣習的に火入れをしているところである。湿地林あるいはその周辺で火入れをしても、以前は泥炭が水を含んでいたため大規模に燃え広がることはなかったが、排水して乾燥した泥炭はよく燃える。しかも悪いことに、いったん燃えはじめると、泥炭は地中でくすぶりながら燃え広がる。風が吹くと思いがけないところから発火して立木に燃え移るので、大規模森林火災になりやすい。

泥炭火災を消火するには、地中が燃えているところにいちいち水をかけにいくか、簡易ダムのようなものを作って地下水位を上げるのが数少ない実行可能な対策である。あるいは、強い雨が降るのを神頼みで待つしかない。降水量が多ければ、消火が進むし、火事の発生件数そのものを抑えることもできる。実際、乾季の降水量が二〇一五年より二・五倍も多かった二〇一七年は、火事の件数がそれまでよりも低く抑えられた。消火はお天気頼みだし、発火の原因となる乾季の強さはエルニーニョの影響を強く受けている。エルニーニョとは赤道付近の東太平洋で海面温度が上昇する現象で、世界中で干ばつや豪雨などの異常気象が起こる。日本では梅雨明けが遅れて冷夏、暖冬になりやすいが、インドネシアやオーストラリアでは乾季が長引いて干ばつが起こるので、火事が発生しやすくなる。二〇世紀最大と言われた一九九七年～一九九八年の強力なエルニーニョのとき、インドネシアは厳しい干ばつに見舞われて、大規模な火災が発生して一二万平方キロメートルが焼失し、五ギガトンあまりの二酸化炭素が排出された。

泥炭には大量の炭素が含まれているので、泥炭地は陸地面積の三パーセントに過ぎないが、世界中の森林の地上部現存量よりも多くの炭素が蓄えられている。泥炭湿地林の火災は樹木が燃えるだけの火災よりも大量の二酸化炭素を放出する。熱帯の泥炭地が一パーセント破壊されるだけで、世界の化石燃料からの排出量の一〇パーセントに相当する二酸化炭素が排出されると試算されている。また、泥炭が地下で低温・酸欠で不完全燃焼すると、地上の火災のときよりもメタンや粒子状物質が発生しやすい。

インドネシアの大規模森林火災は泥炭湿地での排水による林内の乾燥化が素因で、エルニーニョが舞台を準備し、住民の火入れが引き金になった、気候変動と人為が組み合わさった火災である。泥炭地の再生は極めて難しいので、煙害による健康被害もさることながら、大気中の二酸化炭素削減のためにも泥炭湿地林の防火対策が強く求められている。

コラム１　火事跡の盗伐

ユーラシア大陸のほぼ中央に位置するモンゴルは、遊牧民が暮らす草原の国である。また、国

図0−4：タイガの山火事跡

の北部にはカラマツやシラカンバのタイガを含めて二〇万平方キロメートルの森林があり、建築資材や燃材として多くの木材を利用している国である。

そんなモンゴルの森林を調べるために、首都ウランバートルから北に四〇キロメートルほどのところにあるモンゴル国立大学の演習林を訪ねたことがある。演習林はほとんどが針葉樹林で、タイガの林縁が草原と接するときの森林の構造の変化がよく分かるところだった。よく管理された演習林の中央の大きな谷の一つで、森林が跡形もなく燃えてしまっていた。なだらかな斜面の続く焼け跡には真っ黒に焦げてしまった幹だけが焼けぼっくいのように立っていて、明るく柔らかかった林床は黒焦げの枝と木灰に覆われていた。しかも、疎らに残っている黒焦げの幹はみんな細いものばかりで、太い切り株がたくさん残っていた。焼けたあとで太い幹だけを選んで伐り出してしまったのだ。成長が決して早いとは言えない寒冷地の森林が一度に数十ヘクタールも焼けてしまうと、再生までに途方もない時間がかかるだろう。あるいはこのまま草原になってしまうかもしれない。火災の原因は突き止めにくいが、住民の失火にしては一つの谷がうまい具合に焼け尽くされている。演習林の職員によると、外部から来た者が放火したのだという。

その夜、粗末で小さいが、板壁の隙間は丁寧に防寒が施された一人用の三角屋根の小屋の中で眠っていると、二〇〇メートルほどの牧草地を挟んだ向こうの林道から大きな物音が聞こえてきた。夕食に飲んだウオッカがまだ残っていたので、そのまま眠っていたかったが、やり過ごせないほどの機械音に起こされて扉を開けると、十五夜の月に照らされた林道を黒い大型トラックが何台も山のほうへと登っていくところだった。どれもシルエットしか見えない。ヘッドライトはごく手前しか照らさないように細工されていて、音が聞こえなければトラックが走っていることに気づかないだろう。もっとも、数百メートルも向こうから小屋の中の酔っ払いを起こしてしまうほどの爆音を響かせても、なおこそこそと山を登っているつもりらしい。そのときは「なんだかややこしそうなものを見たなあ」と思っただけで、すぐにシュラフに潜り込んだが、それから五、六時間経った夜明け前になって、再びトラックの音がしてきた。こんどは荷台に黒々と木材が積み上げられていた。唖然とすると同時に、犯罪現場を目撃してしまった驚きで、その後は眠れなくなってしまった。モミ、トウヒの立派な森林が燃えて、灌木や草が焼き払われてしまうと、この払い下げの軍用トラックなら道を付けなくても山の中をどこへでも進んでいける。山火事の跡に焼け残っている大木は枝も葉もみんななくなっているので、伐り倒してトラックに積むのに手間がかからない。彼らが放火したという確証はないものの、夜陰に乗じた大規模な盗伐が、モンゴルの社会制度の変更に伴う規制の緩みが生み出した人々と森林の関わり方についての歪みであることは間違いない。

4　火の大陸はもっと危険が潜んでいる

アフリカの熱帯雨林は燃えていない

アフリカは「火の大陸」と言われるほど火事が多く、世界全体の森林火災の四五パーセントがアフリカで発生し、アフリカの南半球だけで年間五三〇〇平方キロメートルもの森林が焼失している。

アフリカの火事は、アマゾンのように熱帯雨林を破壊したことで発生した火災ではなく、北米やオーストラリアと同じように、火事の発生しやすい条件がそろっている乾燥地で起こる火災が主なものである。したがって、その範囲は赤道直下の熱帯雨林の北縁からサハラ砂漠の南縁までと、同じく熱帯雨林の南縁からナミブ砂漠の北縁までで、サバンナが燃えている。アフリカの熱帯雨林は人為的な環境破壊がまだ進んでいないので、今のところは大規模な火災は少ないが、開発が進めばアマゾンと同じ運命を辿る可能性は大きい。

赤道の南側のサバンナは降水量が一〇〇〇ミリメートル以下で、ミオンボと呼ばれる乾燥した疎林と草原が共存する生態系である。優占する樹木はマメ科ジャケツイバラ亜科の半落葉樹である。半落葉樹というのは落葉樹ではあるが、気温や乾燥の程度によって落葉したりしなかったりするので、一言で言えば乾季が厳しい年に落葉する樹木である。ミオンボはザンビアを中心に南部アフリカに広がる二五〇万平方キロメートルの乾燥疎林で、日本の国土の約七倍もある。

乾燥しているほど火はつきやすいが、燃えるものがなければ火事にならない。乾燥しているだけなら砂漠だが、植物が成長できる雨季があることで燃えるものが生まれる。両方がそろっている亜熱帯のミオンボでは火事は日常茶飯事である。ここではオーストラリアのコアラに換わって、ゾウが被害を受けている。マラウィーの国立公園では二〇〇〇頭いたゾウが森林火災のために一五〇頭まで減少したと言われている。

いつも通りの手順を繰り返していても、時には間違えることがあるので、慣れ親しんだ農作業であっても、乾燥したところで火を使っていればいつかどこかで必ず失火を起こす。ミオンボの火災原因の九〇パーセント以上は、農地整備や森林伐採、木炭生産、焼畑などからの失火や、火を使った狩猟とその猟師の過失である。これまで見てきた世界各地の森林火災でも、多くの森林火災の火種となっているのは焼畑に伴う失火である。住民は昔から慎重に火入れをして焼畑を行ってきているが、植民地時代からはじまった火の使用の厳しい規制がかえって火入れの方法を稚拙にして、火災の危険を高めている。

気候変動と森林火災

世界各地で起こっている森林火災の広がりとその影響をざっと見てきたが、環境条件も発火原因もさまざまである。しかし、その災害の規模にかかわらず、「乾燥」というキーワードが森林火災を理解するのに欠かせないことは分かっていただけたのではないだろうか。そして、もともと森林火災の多いアフリカや北米の乾燥地だけでなく、アマゾンやインドネシアの湿潤地でも、高温・乾燥によってここ数十年で森林火災の件数が爆発的に増えている。特に、二〇一九〜二〇二〇年に世界各地で大規模な森林火災が発生したのは、気候変動あるいは温暖化の進展が主要な原因となっていると考えざるをえない。

少し古い資料だが、二〇一一年の森林火災による二酸化炭素排出量は八ギガトンと推計されている。森林火災を含まない全世界の二酸化炭素の排出量は約三四ギガトンなので、森林火災による排出量がいかに多いかが分かる。多い年では、年間約六〇万平方キロメートルもの森林が焼失している。火災跡地が元の森林に戻れば、考え方としてはゼロエミッションとなるけれども、いったん燃えてしまった森林が元の状態になるには長い年月がかかるし、元に戻らない場合のほうが多い。本来、二酸化炭素の減少に貢献するはずの森林が、火災によって二酸化炭素を増加させる原因になってしまっている。つまり、温暖化が森林火災を誘発し、同時に森林火災が温暖化を増幅させる悪循環が生まれている。

温暖化が進む状況では火事の発生頻度を減らすのは難しいかもしれない。それでも火事を起こさないようにする対策が求められている。さらに、土地の状況やこれからの環境変化を見据えて、火事にあってもすぐに立ち直れるような耐火力のある森林を増やす適応策が必要である。

続く第一章では、シベリアの火災を例に挙げながら、気候変動が森林に与える影響をより詳細に見てみよう。

コラム2　焚き火で芋を焼く

林内放牧で火事が起こると聞いても、あまりピンとこないかもしれない。タンザニアの中央部のアルーシャという町から、メルー山（四五六二メートル）の山麓《さんろく》へビャクシン林の調査に出かけたときのことである。土埃を巻き上げながらマツの植林地が続く林道を進んでいくと、三人から五人の少年たちが組になって歩いていた。フェンダーミラーに映る少年たちは、砂煙に次々と消えていった。放牧地を大きく替える長距離の移動は成人男性が指揮を執るが、毎日家畜をねぐらから放牧地まで行き帰りさせる日帰り放牧は少年たちが担当するのだろう。彼らが連れた家畜の群れは植林地の中に広がって下草を食んでいた。

しばらく行くと、道路から数十メートル林内に入ったところで焚き火をしている少年の一団が座っていた。この国有林内では焚き火は厳しく禁止されているので、営林署職員の案内人が車を停めたとたんに、少年たちは蜘蛛の子を散らすように林の奥のほうへ逃げ去ってしまった。我々の車が近づくと、すでに彼らは腰を浮かせていたので、まずいとは思っていたのだろうし、何よりも逃げ慣れている。一斉にみんな別々の方向に走っていくので、追いかけようがない。

乾燥地の森林は牧畜のための貴重な資源であり、林内放牧の歴史も長いが、それによって地中海文明を滅ぼすほど森林が劣化させられたこともまた有名である。林内に家畜が入ることで樹木の稚樹《ちじゅ》が食われてしまい、林床も踏み荒らされて、樹木の更新が行われなくなるために森林が崩壊する。しかし、林内放牧は家畜だけが森林の中を歩いているのではない。家畜の番をする牧童も一緒に林内を歩く。家畜は一日中草を食っていればいいが、牧童は暖を取り調理をするために焚き火をする。その火が山火事になるのに、それほど多くの条件が必要なわけではない。

少年たちがいなくなった焚き火はまだ燃え続けていた。運転手は大きな葉がたくさんついた枝を折ってきて、焚き火の上に掛けて消火した。日本でも秋に山の作業をする際など、林道で焚き火をすることはあるが、林内で火を使うことはないし、そんなときには細心の注意を払っている。ここでも林道で焚き火をすれば、消火もしやすいし、樹木へ延焼する危険も少ないが、なまじ焚き火が禁じられているため、見つからないように林内で火を使い、かえって火事の危険が高まってしまっている。

消し炭の中から、少年たちの昼ご飯になるはずの芋が三個出てきた。一日の作業の中で一番楽しみにしていたものだろうに、かわいそうなことをしたと少し彼らに同情してしまった。芋は黒焦げになっているが、まだ芯まで焼けていない。一つ取り上げて、ちょっと失敬して味見をさせてもらったら、ねっとりとして里芋のようで美味しかった。少年たちは戻ってきてまた火をつけて焼きなおすのだろうか。番をしていた牧童たちがいなくなっても、ウシたちはいたって無頓着に、首の鈴を鳴らしながら草を食み続けていた。

第一章　シベリアタイガの危機
——温暖化の森林への影響

1　シベリアの大森林

タイガの火事は燃え続ける

ロシアのウラル山脈の東には広大なシベリアタイガが広がっていて、東半分はダフリカカラマツという落葉針葉樹が優占する森林である。そこだけでロシアの森林面積の三七パーセントを占め、日本の国土面積のおよそ七倍に相当する。文句なく、世界最大の樹林帯である。

シベリアはイメージ通り寒いところだが、乾燥もしているので、山火事が頻発する。前章に紹介したような大森林火災だけでなく、大小さまざまな山火事が頻繁に起こっている。雷による自然発火もないわけではないが、多くは焚き火の不始末などの人為的な火事である。特に、秋になって人々がキノコ狩りに森林に入るようになるとたくさんの山火事が発生する。

発生頻度はその年の降水量と強く関係し、乾燥した年には山火事が増える。平均するとタイガはどこもみんな一〇〇～一五〇年に一度火事に遭っている。面積にすると一年で三・五万平方キロメートルになり、樹木が燃えて〇・五五ギガトンの二酸化炭素が排出されている。火事のあとも燃え残った枯れ木や林床に厚く堆積していたリターが徐々に分解されて、火事跡からは毎年〇・三四ギガトンの二酸化炭素量が排出され続ける。これらはいずれタイガが再生すれば森林に戻ってくる分であるが、それまでには途方もなく長い時間を要する。

かつて、アラスカの上空を飛行する旅客機のパイロットたちは眼下の森林から立ち上る煙や炎を捜しながら飛んでいた。一万メートルの上空から森林火災を発見して通報することで多くの森林が被災を免れただろうが、二〇〇六年にはじめてから一〇年ほどで、この目視による探索は止めてしまった。衛星からの監視で対応できるようになったのだろうか。

もちろん航空機や衛星による早期発見は防災に役立つが、火事が大きくなる前に発見して警報は出せたとしても、シベリアは人口密度の低いところなので、すぐ消火をはじめられないところが、この大森林地帯の課題である。さらに悪いことに、森林火災を消すには多額の費用が必要なため、損害よりも消火費用が高くつく場合は、消火しなくてもよいと法律で決まっている。ほとんど人の住んでいないシベリアの森林火災は消火費用を上回るほどの損害は出にくいので、たいていは燃えるに任されている。アメリカのように自然現象は自然に任せようという思想的裏付けがあって行われているのではなく、あくまでも経済的に消火が見合わないから放置している。

ところで、飛行機で上空から探す必要のないほど大規模な大森林火災が、やはりここシベリアタイガでも二〇一九年に発生した。その年はシベリアだけでなくアラスカ、グリーンランドなどの北極圏全体が異常な高温になり、北方林は至るところが極度の乾燥に見舞われた。シベリアでは六月ごろから山火事が多発し、八月までに三・三万平方キロメートルが焼失した。二〇一九年七月にはアラスカで三二℃を記録し、熱雷と強風で火災が広がり、一万平方キロメートルが焼失した。グリーンランドも記録的な猛暑に襲われ、三七五平方キロメートルが焼失し、北極圏全体で一ヶ月で〇・〇五〜〇・〇八ギガトンの二酸化炭素が放出された。シベリア、アラスカ、グリーンランドにカナダの北極圏を加えて、全焼失面積は八・三万平方キロメートルであった。

このとき、ロシア政府は三・三万平方キロメートルの火災地のうちの三パーセントほどの一一六〇平方キロメートルしか消火対象にせず、残りは監視していただけなので、火災は九月まで続いた。これも、先ほどの「経費のかかる消火はしなくてもいい」という法律に基づく措置であった。

シベリアは永久凍土の上に泥炭が積もり、その上に針葉樹林が成立している。二〇一九年のシベリアは暑さで干上がった泥炭が燃えていた。しかし、それだけでは終わらなかった。二〇二〇年六月に北極圏は過去最高気温の三八℃を観測し、八月までに一九万平方キロメートルの森林火災が発生し、六月だけで〇・〇六ギガトンの二酸化炭素が排出された。

火事の話が続いて、森林が蓄積している炭素を大気中へ排出して温暖化を促進する面ばかりを見てきたが、次にこの広大なタイガが直面している温暖化による危機について、その直下の永久凍土との関係を見てみよう。

東シベリアは平地で寒い

タイガとは、ロシア語でシベリア地方のモミやカラマツが優占する針葉樹林のことを指す。現在では、北極を取り囲むようにユーラシア大陸と北米大陸の高緯度地帯（北緯五〇〜七〇度）の亜寒帯に分布する針葉樹林全体を表す。北側の寒帯のツンドラと南側の冷温帯の森林と草原に挟まれた北方林のことである。総面積は一三〇〇〜一五〇〇万平方キロメートルで、世界の森林面積の三分の一を占め、熱帯林に次ぐ広さである。

シベリアはウラル山脈より東のユーラシア大陸北部のことで、モンゴルの首都ウランバートルからバイカル湖を経て北極海に流れるエニセイ川で、西シベリアと東シベリアに分けられる。全体に平坦な土地だ。バイカル湖のすぐ西の山から流れ出して、東シベリアの中央を四四〇〇キロメートル流れて北極海に達するレナ川は、中流にある東シベリアの中心都市ヤクーツクから平野部に入る。北極海までその先さらに直線で一五〇〇キロメートルもあるのに、ヤクーツクの海抜高がたったの一二〇メートルしかないことでもその平坦さが分かるだろう。シベリアの川はどれも似たようなもので、エニセイ川（クラスノヤルスク）もオビ川（ノヴォシビルスク）も川船で遊覧をすると、川の説明ははじめに川の長さ、次に流れの速さを教えてくれる。日本の川で流速が話題にならないのは、シベリアの川と比べると滝のように流れているからだろう。

シベリア高気圧が居座る東シベリアの冬は雲がなく晴れ渡って、雪も少なく極度の低温になる。ヤクーツクの一二月から二月までの平均気温はマイナス三五・六℃で、二月にはマイナス六四・四℃という過去最低気温を記録している、世界で最も寒い地域の一つだ。平均月最低気温が七ヶ月間氷点下で、九ヶ月間は土壌が凍結して植物は吸水ができない。しかも、マイナス四〇℃以下の厳寒期は太陽が昇らない暗黒の世界である。一方、七月と八月の平均気温は一六・八℃とかなり高く、七月の最高気温は三八・三℃もあるので、年間の温度較差は五〇〜七〇℃にもなる。

寒いだけではなく、年間を通じて乾燥している。ヤクーツクの西三〇キロメートルにある標高二〇〇〜二五〇メートルの丘陵地のスパスカヤパイト実験林の年降水量は二三八ミリメートルで、中央アジアの草原ステップと変わらない。その雨の約半分が六月〜八月の生育期に降り、九月〜一二月に七六ミリメートルの雪が降って、数十センチメートルの積雪になる。つまり、わずかな降雨のある短い夏と、厳寒で暗くて長い冬という地球上で最も大陸的な寒冷で乾燥した厳しい環境である。

図1－1：1月のカラマツ林（タイガ）の林床

タイガの樹種構成

タイガは広大な面積を占めるが、生育環境が厳しいため、構成する樹種は、約七〇〇種ある針葉樹のうちのマツ科の針葉樹に限られ、全部で一五種ほどしかない。また、亜寒帯で生育できる落葉広葉樹もシラカンバやヤナギ、ハンノキなどに限られる。タイガは種数が少なく、単純な構造の森林である。

東シベリアのタイガは背の高いダフリカカラマツ（以下カラマツとする）の森林が続いていて、ほかには競争相手のいない独壇場のように見える。しかし詳しく見ると、スパスカヤパイト実験林のカラマツ林の中には、丘陵の頂上の平坦部や斜面上部の乾燥するところにヨーロッパアカマツ林が出現する。

天然林のカラマツ林が燃えた火事跡には、シラカンバやカラマツが侵入・定着して、シラカンバ林あるいはカラマツとシラカンバが混交する森林が成立する。天然林が破壊されたあとに再生して形成された、このような森

図1－2：1月のカラマツの樹冠

林を「二次林」と呼ぶ。微妙な立地の違いを反映して出現する樹種が変化しているので、タイガの中も種間競争の世界である。

落葉針葉樹のカラマツは地上二〇メートルに上層林冠を形成し、その下には樹高が半分程のシラカンバが多数生育している。カラマツの立木本数は一ヘクタールあたりたったの八〇〇本ほどなので、均等に分布していれば木と木のあいだは三・五メートルにもなる。

スパスカヤパイトは、名前に似てすかすかの森林だなあとよく冗談を言い合っていた。木と木のあいだが離れているのは、高緯度地方のために夏になっても太陽高度が低く、斜めに射してくる陽光をできるだけ多くの葉に受けるには、南側の木の陰にならないように、間隔を広くしておかなければならないためである。

本数が少ないだけでなく、葉量も少ないので、葉面積指数は〇・三七しかない。葉面積指数とは、着葉しているすべての葉の表面積を合計した全葉面積を林分面積で

図1-3：6月の明るいタイガ

割ったもので、森林が何枚分の葉で覆われているかを示す指数である。

このカラマツ林は、一層の葉が地表のたった四割ほどを覆っているだけの林冠構造をしている。したがって、林内から空がよく見えて、林床までたくさんの光が届くので、「明るいタイガ」と呼ばれる。

ちなみに、日本の里山などの温帯落葉樹林の葉面積指数は五前後になる。そんな森林では、五枚の葉が隙間なく重なっていても、一番下の葉にも光合成をするのに十分な光が当たるほど日射が強い。明るいタイガのカラマツ林がどれほど光の少ない環境であるか想像できるのではないだろうか。

そのカラマツ林が山火事で燃えてしまうと、焼け跡にシラカンバが侵入し、上層にシラカンバ、下層にヤナギやハンノキが生育する落葉広葉樹林になる。シラカンバは小さな種子が風で飛ばされ、明るい立地に真っ先に到着して発芽する代表的な先駆樹種である。そのため焼け

図1-4：6月のカラマツ林の林冠

跡などの裸地で最初に森林を形成するが、林内では自身の樹冠が影になるので、シラカンバの稚樹はほとんど見当たらない。

調査地のシラカンバの樹高は一一メートルと低いが、下層ではヤナギやハンノキに混じって、樹高が二メートル前後のカラマツの幼木が一ヘクタールあたり二〇〇〇本ほどの密度で生育しているところもある。上層木のシラカンバは寿命が短いので、シラカンバが枯死したあとでカラマツが成長を開始する。林床に前もって生育していた稚樹のほかに、シラカンバが枯れて明るくなったところへ新しく侵入してくる稚樹もあり、本数密度が二万本を越えるような驚くほど高密度のカラマツの幼齢林が出現することもある。もちろん成長と共に本数は減っていき、最終的には火事が起こる前の明るいカラマツ林が再生する。

コラム3　明るい平地林で道に迷う

我々日本人は山勝ちな小さな島に住んでいて、わずかな平地はほとんどすべて宅地と農地になってしまっているので、森林は斜面に樹木が生えているものだと思っている。したがって、森林の中を歩くというのは山の斜面を登ったり下ったりすることだと思っている。だが、世界には平らな土地に成立する森林がたくさんあって、森林が山とは限らない。スパスカヤパイト実験林内のカラマツ林も、そんな果てしなく続く平らなタイガである。

森林における水の動き（水収支）を調べるため、調査地まで宿舎から二〇分ほど歩いて通っていた。ほとんど起伏のない平らな林内には、調査のはじめに資材を運ぶためにつけられた踏み跡道がついていた。まっすぐ調査地に向かわず、途中で直角に右に折れるようにつけられていたが、たいした距離ではないので、ずっとその踏み跡に沿って行き帰りしていた。あるとき、急いで宿舎に戻らなければならなくなって、踏み跡のない林内を斜めにショートカットしようとした。もう二ヶ月近く行き帰りして土地勘もできていたので、そろそろ曲がり角に向かう道の途中に出るだろうと思っていたが、いっこうにその道が現れない。周りのカラマツ林には何の特徴もないし、見覚えさえない。どちらへ進めばいいのか皆目見当がつかなくなってしまった。梢をすかして見える太陽を頼りに、むやみと進んでいるうちに宿舎の裏に出た。目指していた道は一〇メートル

図1-5：平らなタイガ

ほど右にあって、その道と平行に進んで来たようだ。平地林で迷うと進むべき方向が分からなくなる。そのことの怖さを実感した。

なお、そのような平地林で起きる火事を山火事というのはよく考えればおかしいが、日本語に適当な言葉がない。我々の文化では、根っこから山と森が結びついている。

スパスカヤパイト実験林では、冬のあいだも気温や風速などを測定する必要があった。高さ二五メートルの鉄塔に取り付けた測器は当然吹きさらしに置かれるが、そのデータを保存する日本製のデータロガーはマイナス三〇℃までしか作動は保証されていない。マイナス五〇℃にもなろうかというところに何の準備もしないで装置を置いておくわけにはいかない。小屋を建てて、その中を暖房して収納することにしたが、暖房し過ぎると小屋が周りより暖まり過ぎて、小屋から上昇気流が発生しかねず、熱量の変化の測定に支障が出る。仕方ないので、小屋の中に裸電球を一つぶら下げて、マイナス二〇℃ぐらいまで暖房して、翌春まで頑張ってもらうことにした。太陽がまったく出ない厳寒のタイガの中で、裸電球が一つポッと灯っている小屋を見た人は、さぞ不気味な思いをしただろう。

2　永久凍土が支えるタイガ

さて、東シベリアは厳冬期が極度に寒冷で、しかも年中乾燥しているのに、中央ユーラシアの乾燥地のような草原ではなく、立派なカラマツ林がなぜ成立しているのかをここで説明しておこう。

永久凍土層と活動層の役割

アラスカの永久凍土地帯での花粉分析によると、最終氷期が終わり、地球が温暖化した後氷期（約一・一万年前）になると、氷床が退いた直後の荒廃地に、乾燥に強いイネ科やカヤツリグサ科、ヨモギ科の草がまず侵入した。その後、リターの堆積により土壌が形成されると、蘚苔類（コケ）や地衣類（シダ）が増えてツンドラが拡大した。最後に、カンバやハンノキなど寒さに強い樹木が増加し、さらにトウヒやカラマツのタイガが成立し、その下に凍土が発達した。そのため、北米の凍土は、隙間なくつながっていないので、「不連続永久凍土」と言われる。

一方、東シベリアは約二・一万年前の最終氷期の最寒冷期でさえ大規模な氷床に覆われることがなかった。しかも氷河期は植生がほとんどなかったので、土壌は強く冷却され、地下に厚さ数百メートル、ところによると六〇〇メートル以上にもなるといわれている永久凍土が発達し、東シベリアには切れ目なく続く広大な「連続永久凍土」地帯が成立した。その東シベリアでも、温暖化した後氷期になると上記のアラスカと似た経過を辿ってタイガが成立したので、東シベリアタイガの分布は永久凍土の分布域とほぼ一致する。こうして、約六〇〇〇年前に現在のようなユーラシア大陸から北米大陸までの北極を囲むタイガ・永久凍土の分布ができあがった。

永久凍土とは、少なくとも二年以上ずっと凍結し続けている土壌と定義されているが、ここでは数千年以上凍り付いた土壌である。しかし、永久凍土帯の土壌は一年中全部が凍り付いているわけではなく、夏に気温が上がると地表近くが融解して「活動層」と呼ばれる土壌水が自由に動ける土層が出現する。活動層の下の凍土は水を浸透させないので、雪解け水や夏の降雨は地表近くの活動層の中に留まる。冬には凍っているが、夏になると解けだして活動層に蓄えられる水を樹木が利用する。活動層の地表からの深さはその年の気象条件で変化するが、タイガが存在することで林内環境が安定し、活動層の異常な発達や、後述する地下氷（氷楔《ひょうせつ》）の融

図1-6：水溜まりが広がる5月のタイガ（竹内真一氏提供）

解を防いでいる。つまり、永久凍土層があることでタイガは水分を確保でき、タイガがあることで永久凍土層が維持されている。東シベリアのタイガは永久凍土が作った森林であり、タイガと永久凍土は持ちつ持たれつの共存関係にある。

カラマツの春の芽吹きや夏の成長、そして秋の落葉といった季節による活動周期（フェノロジー）は活動層の消長と密接に関連している。年降水量の三〜四割は冬に雪として降り積もるが、四月になると溶けはじめ、五月には地表が現れる。そのとき地表はまだ凍結しているので、平地の雪解け水は林床にあふれて林内は湿地になる。五月末ごろになって活動層ができはじめると地表の水は地中にしみ込み、一週間ほどで活動層の厚さが一〇センチメートルほどになると展葉《てんよう》がはじまる。その後、活動層の厚さは増して、融解水は活動層の下部に貯留されたまま土中を浸透していく。夏の雨もこの土壌水に加わる。葉の表面の気孔から二酸化炭素を取り込んで光合成を行うとき、同時に植物体内の水が水蒸気になって大気に戻る。これを蒸散《じょうさん》という。カラマツは一ヶ月近く活発な蒸散活動を続け、根のほとんどが分布している深さ四〇センチメートル付近の土層の含水率が最大になったときが蒸散活動のピークとなる。

活動層が最も厚くなる時期でも土壌はシャーベット状で、最深部の凍土はスコップも歯が立たない。地表面温度が九℃のとき、根が分布する部分の地温は四℃しかなかったが、そんな低温でもカラマツは吸水ができる。

季節が進むと融解面がさらに下がって活動層は厚くなり、土壌水が根域の中心より下へ浸透してしまうため、夏の終わりには水が不足しはじめる。幸い、そのころには気温が五℃以下になり、カラマツは一年の活動を終了して落葉する。そのときの活動層の厚さは七〇センチメートルほどになっていた。このようにカラマツは五月中下旬から葉が展開を開始し、九月中旬には落葉がはじまるので、生育期間は三ヶ月前後しかない。

シベリアタイガでは根域の深さと活動層の最終的な厚さがバランスしているので、カラマツは生育期の終わりになっても強い水ストレスを受けないですんでいる。しかし、永久凍土は温暖化によって融解が進んでおり、今世紀末までにユーラシア大陸の大部分で永久凍土はより地下深くにまで後退すると予想されている。樹木の根の分布できる深さは種によっておおむね決まっているので、活動層が厚くなったからといって、どこまでも根を伸ばして水を追い続けることはできない。そのため、温暖化の影響を受けやすいタイガ南限付近で永久凍土が根域よりも深くまで溶けてしまうと、カラマツは水ストレスを受けて枯れるので、タイガに替わって、地域の降水量に相応した乾燥に強いステップ（草原）が前進してくると予想される。

タイガは乾燥しているのか？

蒸散量を求めるためにカラマツの樹幹の中を流れる樹液流《じゅえきりゅう》速度を測った。どの個体も雪解けのはじまる五月中旬から樹幹の中を樹液が流れはじめる。六月になると蒸散活動の時間が長くなり、夏至前後の白夜の時期は終日蒸散が続き、流速はピークを迎えた。しかし、七月になると生理活性は低下しはじめるので、それ以降は落葉までほぼ横ばいかゆっくりと低下し、気温が五℃以下になる九月中旬から下旬に蒸散を完全に停止する。

生育期間の五月から八月までの蒸散量は八〇ミリメートルあまりと推計された。そのあいだの降水量は六五ミリメートルだったので、蒸散量は降水量よりも多く、春先からの雪解け水が水源として欠かせないことを示していた。上層林冠を形成するカラマツの中にも個体差があり、大きな樹冠を持つ優勢木《ゆうせいぼく》と樹冠の小さな被圧木《ひあっぼく》を比べると、優勢木は樹冠投影面積あたりの蒸散量が被圧木の倍以上あって、土壌水を巡る個体間競争が生育の優劣を決めていることが分かる。しかもその値は日本の樹木の六倍ほどであった。つまり、タイガの夏は水条件がよく、優勢木は凍土の近くの低温の水でさえ旺盛に吸水し、消費している。タイガは降水量が少ない乾燥地ではあるが、凍土が雪解け水を貯留するので、植物が生育できる期間に限れば、決して強い水ストレスが働くような環境ではない。

タイガは寒冷なのか？

タイガが寒冷であるのはマイナス四〇℃の厳冬期である。樹木の耐寒性は低温に耐えて生き残る能力であり、低温での生産力とは関係しない。カラマツは極めて高い耐凍性を備えていて、シベリアの厳寒期を生き抜ける樹木であり、冬季の低温は生育期間を制限する要因に過ぎない。しかも、本種は低温でもまた過湿な状態でも吸水能力を維持できる。タイガの夏は気温が上がるので、生育期間中に限れば十分な温度が確保されている。したがって、タイガの生育期は水ストレスも低温ストレスもない穏やかな環境である。問題はむしろ、生育期間が短いために生産量が少ない中で、大量の現存量を維持するメカニズムである。すなわち、短い夏の生育期間中の光合成量が一年間の呼吸消費量より多いかどうかだ。

光合成による生産量が呼吸消費量よりも多ければ、樹木は成長して樹幹が太くなる。生育が最も旺盛な八月では、一日あたりの肥大成長量が一三マイクロメートルになり、一ヶ月の成長量は〇・四ミリメートルであった。生育期のあいだずっとこのペースが続けば、一年で幹の半径は一・五ミリメートルほど太くなるはずだが、最近の一〇年間の年輪《ねんりん》幅の平均は〇・一四ミリメートルしかない。日に一〇マイクロメートルほどの旺盛な肥大成長をする期間は、長くても半月ほどしかない。ちなみに、日本のカラマツの場合は、壮齢な四〇年生ぐらいで年輪幅は三〜四ミリメートルあり、一〇〇年生に近くなっても一〜二ミリメートルある。

それくらい、タイガでは呼吸消費が多く、光合成による生産はやっと個体を維持できる程度である。樹齢一〇〇年を越える森林ではあるが、一ヘクタールあたりの一年間の生産量は三トンしかなく、日本の四〇年生のカラマツ林の五分の一である。タイガの樹木はかろうじて成長を続けていられる程度のギリギリの状態で生きている。全体的にフローの極めて小さな生態系である。それでも草原ではなく、森林が成立し続けていられるのは、環境条件が安定しているからである。だからこそ、気候変動による環境の激変にはひとたまりもない。

3 温暖化で何が起こるのか？

シベリアの温暖化

ヤクーツクでは二〇二〇年までの四〇年間で月平均気温は一年当たり〇・〇四℃上昇し、今世紀に入ってからでは約一℃高くなっている。気候変動に関する政府間パネル（IPCC）が「悪影響がはじまる」とした二℃までは高くなっていないが、「脆弱な生態系には影響が現れる」としているレベルに近い値である。

シベリアタイガの樹木は雪解けと共に展葉して、夏の降雨も精一杯使って光合成を行う。その水をほとんど使い尽くすころには気温が低下して、短い生育期を終えて越冬準備がはじまる。気温の低下と水を使い切るタイミングが一致していることで、水ストレスに遭わないですみ、大型の針葉樹林が維持されてきた。

しかし、温暖化で気温が一年中高くなると生育期間が長くなる。まず気温の上昇に伴って春の生育のはじまりは早くなるだろうが、その時期は雪解けの水を使えるので、気温に合わせた生育をはじめられる。しかし、秋になっても気温が下がらなければ、活動層がより厚くなると共に、落葉が遅れる。活動層の拡大により土壌水は下層へ浸透していくため、温かい秋の日射しの中で、カラマツは水を使い切ったのち、強い水ストレスを受けることになる。こうなると、こんどはカラマツの耐乾性がどれほどのものかということになる。

通常の乾燥地が、森林ではなく草原になっているのは、樹木が生き残りにくい干ばつが定期的に起こるからである。永久凍土層の上に森林が維持されているのは、年による水条件の変動が少ないことを示している。そういう環境で生育しているカラマツは決して耐乾性が高い樹種とは言えない。温暖化による気温の上昇は、慢性的な水不足をもたらす災厄であると同時に、頻発する極端な高温や乾燥でこれまで経験したことのないストレスをもたらし、これまでのストレス耐性では対処できず、タイガが大量枯損する可能性は大きい。

地球温暖化の現状

永久凍土の融解でタイガの大規模崩壊が起こる元凶は温暖化である。では、世界でどれほどの温暖化が進んでいるのか、そして温暖化によって森林に何が起こるのかを見てみよう。

二〇二一年に公表されたＩＰＣＣの第六次評価報告書によると、一九八〇年から二〇二〇年までの四〇年間の世界の平均気温の上昇速度は一八五〇年以降のどの時期よりも速かった。工業化前（一八五〇年～一九〇〇年）の気温と比べると、最近二〇年間の平均は一年で〇・九九℃高くなっていたが、直近一〇年間では一年に一・〇九℃ずつ高くなっていた。世界の平均気温のこの上昇速度は、過去二〇〇〇年間の気温変化の中でも、経験したことがないほど急激なものである。

植生は寒冷地へシフト

気候変動に対して、植物はまず発芽《はつが》・開花《かいか》・結実《けつじつ》などの季節的な活動周期を変化させて新しい環境に適応しようとする。温暖化すると、植物の芽吹きや開花の時期が徐々に早くなる。日本のサクラの開花日は一九八四年までは徐々に遅くなってきていたが、その後は二五年間で七日も早くなった。樹木は季節的な活動周期をシフトさせることで環境の変化に適応して新しい種間競争に立ち向かうが、適応できる範囲には限度がある。気候変動がその適応できる限度を超え、フェノロジーの変化などでは対応できなくなれば、樹木は生理・生態的特性や形態を変化させなければ生き残れない。しかし、そのためには時間がかかるので、温暖化のような速い変化に対応することはできない。そこで生き残るには生育できる環境を捜して分布域を変化させるしかない。

分布域がシフトする際は、種子散布などで新しい生息域を獲得すると同時に、個体の死亡によって旧来の生息地を失う。新しい気温条件に適する種の進出と、適さない種の消滅である。温暖化は植生帯をこれまでよりも気温の低い寒冷地や高地に向かってシフトさせる。なかでも生育期間全体にわたって低温が制限要因となっている高緯度域の森林の分布域は、大きく変化するだろう。朝鮮半島で気温が一・四℃上昇した六〇年間に森林の分布域が最大一七キロメートル北上したとの報告がある。ただ、分布域のシフトについては信頼できる資料は少ない。たとえ現在生育が確認されていたとしても、いつそこに侵入してきたのを正確に知るには、その植物が生育していなかった時期が明らかにならなければならない、しかし、種の不在についての精度の高い情報は滅多に存在しない。

気候変動によって生息に適した環境が移動してしまった場合に、その環境を追いかけて植物が分布域を変えることができるのは、十分な移動性を持っている場合か、生息可能な環境が連続していることで、移動に時間的な余裕がある場合である。分布域の後退は枯死や更新の不成功などによって速やかに進むが、前進には時間がかかる。新しい環境への侵入には種子の生産が欠かせないが、樹木は毎年結実するわけではない。また発芽や定着に関わる温度以外の要因が整わなければ更新できない。したがって、気温の変化と森林植生の分布域の変化にはタイムラグが生じる。

現在進んでいる気候変動のスピードはたいへん速いので、樹木が適応するための時間を確保することができない場面が至るところで出現し、タイムラグはどんどん長くなる。その結果、生育適地であっても到達できていない場所が生まれる。植生が失われたあとも、後継の植生が再生していない不在生息域とでも言える地域は、温暖化の速度が速いほど広くなる。環境変化の速度に追いつけなければ、種の絶滅にもつながる。

シベリアのタイガは平原である。平地は温暖化への対応がしにくい環境である。山に登ると標高差一七〇〇メートルで気温は一℃違うが、南北の水平方向ではその一℃の気温差は一五〇〇キロメートルに相当する。したがって、平地では南北方向の温度変化が「遠浅の浜辺での潮の満ち引き」のように一気に押し寄せてくる。タイガでの気温の上昇は広大な地域で同じ環境変化をもたらし、どこもかしこも同じように水不足が深刻化する。適応するためには、樹木は長距離をしかも迅速に移動しなければならないが、それは極めて難しい対応である。つまり、シベリアタイガで低温域に向かって数十〜一〇〇キロメートルにわたる気候帯の移動が起こる事態になれば、カラマツの種子が散布拡大する距離は短いため、生息域の移動に追いつけず、タイガを構成する樹種が大きく交代するか、タイガそのものが崩壊する。

一方、同じ温度変化に対しても、垂直方向では移動距離が短くても適応できる。ヨーロッパアルプスでは一九八五年ごろからの温暖化によって多くの山地生植物が高標高地へ移動し、分布の中心は五〇年間で平均六六メートル上昇したと報告されている。水平方向の移動力に乏しい種にとっては、十分な標高を持った山岳地は格好の避難場所となる。気候が元に戻った際にこの避難場所が分布の再拡大の起点となる。しかし、シベリアのような平坦な地域ではそういった避難場所は見つけにくく、やはり長距離の移動が必須となる。

樹木の視点から温暖化を見れば、適地を追いかけての移動であるが、一つの場所に絞ってみると、温暖化は環境条件の変化であり、新しい舞台に別の劇団がやってくる役者の入れ替わりである。当然、優占する樹種は気温の上がり方や降水量の減り方、母樹となる個体の数や分布によって違ってきて、別の森林帯になる。森林の構成種が変化しても、立地環境に適合した森林であれば、土壌保全や洪水防止などの生態系の機能に大きな変化は起こらないだろう。ただし、新しい生態系は多数の種が絡み合った複雑な種間関係が構築された上でできあがるので、樹種の入れ替わりがすんで森林構造が落ち着くまでの時間は、それぞれの立地環境によって長いものも短いものもさまざまである。

二酸化炭素の施肥効果

次に、温暖化の原因となっている二酸化炭素はどれぐらい増えてきているのかを見てみよう。IPCCの第六次評価報告書によれば、二酸化炭素にメタンを含む温室効果ガスの排出量は増加し続けていて、二〇一九年の人為起源の総排出量は二酸化炭素に換算して五九±六・六ギガトンで、二〇一〇年より一二パーセント、一九九〇年より五四パーセント多くなっている。しかし、排出量の年増加率は二〇〇〇年から二〇〇九年までは二・一パーセントであったが、次の二〇一〇年から二〇一九年までは一・三パーセントと低下している。徐々に二酸化炭素排出削減の効果は現れているが、それでもまだピークアウトまでは至っていない。排出量の内訳を見ると、六四パーセントは「化石燃料の燃焼と産業活動に由来するもの」で、一一パーセントは「土地利用と利用の仕方の変化および林業に由来するもの」である。国際的には、前者を CO_2-FFI（CO_2 Fossil Fuel and Industry）、後者を CO_2-LULUCF（CO_2 Land Use, Land Use Change and Forestry）と呼ぶ。CO_2-LULUCF のうちの半分は森林破壊によるものと推定されていて、南米、アフリカ、東南アジアで多い。しかし、その推計値の信頼幅は±七〇パーセントもあり、CO_2-FFI の±八パーセントと比べるとたいへん大きく、森林の劣化などによる排出量を推計するのが難しいことを示している。

なお、二〇一八年の一人あたりの CO_2-FFI は、北米が一七トンであるのに対して、アフリカは〇・八四トンでしかない。あるいは世界人口の一〇パーセントの富裕層が全排出量の三四〜四五パーセントを排出し、アジア・アフリカの途上国に住む五〇パーセントの貧困層は一三〜一五パーセントしか排出していない。すなわち、経済格差が排出量に大きく関わっている。排出量が増えているので、大気中の二酸化炭素濃度もほぼ一本調子で高くなり続けている。

二〇二〇年の世界の平均濃度はなんと四一三ｐｐｍ（parts per million：百万分率）になっていて、二〇一一年の三九一ｐｐｍから二〇ｐｐｍも増えている。当然、この値は解析をはじめて以来の最高値である。産業革命前は二八〇ｐｐｍで、一九六〇年代は三二〇ｐｐｍ前後であったのが夢のようだ。温暖化阻止のためにはこの増加傾向をできるだけ早く反転させなければならない。そのためには、大量の炭素を蓄積している森林の管理に心してかからなければならないことをあらためて思い知らされる。

ところで、二酸化炭素は植物が光合成によって有機物を合成する元となる基質である。以前よりも大気中の濃度が上昇したとはいえ、なおも二酸化炭素は光合成の反応が進む速度を律速《りっそく》している要因である。つまり、二酸化炭素濃度がさらに上昇すれば、光合成もスピードアップしうる。しかも、高い二酸化炭素濃度のもとでは、気孔《きこう》を大きく開かなくても必要な二酸化炭素を得られるので、蒸散が抑えられ、水の消費量に対する光合成量の割合は高くなる。二酸化炭素濃度の上昇によって水ストレスが減り、光合成が促進され、生産力が向上する。この二酸化炭素の光合成促進効果を利用しているのが、ハウス栽培で炭酸ガス発生装置を利用する「二酸化炭素施肥《せひ》」である。

光合成は光エネルギーを使って二酸化炭素と水から炭水化物（有機物）を作り出す生化学反応であるが、どの植物も同じ化学反応系をしているわけではない。やや専門的になるが、葉の葉肉《ようにく》細胞内の炭素還元回路で二酸化炭素を固定して光合成を行う「C_3植物」と、葉肉細胞の中では二酸化炭素を濃縮し、維管束鞘《いかんそくしょう》細胞で有機物を合成する「C_4植物」がある。

高温や乾燥で気孔が閉じがちになると、C_3植物は二酸化炭素が不足して光合成の効率が下がる。一方、C_4植物は二酸化炭素の取り込みが少なくなっても、効率よく有機物の合成をすることができる。ケニアの山岳地で土壌の水分条件とC_3植物とC_4植物の種構成の割合を調べた結果によると、乾燥するほどC_4植物の割合が多くなった。つまり、C_4植物はC_3植物よりも、高い温度、少ない水で高い光合成能力を発揮できる。この特性を温暖化対策に利用するための研究も進んでいる。

一方、C_3植物のほうは高い二酸化炭素濃度に適応しているので、大気中の二酸化炭素濃度が上昇している現在、二酸化炭素の施肥効果でC_3植物の生育が促進される可能性が高い。大部分がC_3植物で構成されている森林は、二酸化炭素濃度が高くなると、C_4植物が中心の草原よりも、栄養状態や温度・水分環境への応答がよくなり、各地で樹木の成長が促進されて、森林の分布域が広がる可能性がある。実際、ここ二〇年間で温帯林や北方林では温暖化によって生育期間が長期化する一方で、光合成量が増加し、蒸散量は減少している。熱帯林でも二酸化炭素濃度の上昇に伴って徐々に光合成量が増加し、地上部と地下部をあわせて一年で一・三ギガトンの炭素が熱帯林に貯蔵されている。この値は地球上の総光合成量の一パーセントに相当する。樹木にとって、二酸化炭素濃度の上昇はバラ色の世界への入場券かもしれない。

降水量は増える？

気候変動は気温だけではなく、降水量も変化させる。気温が上がれば、海から蒸発する水分が増えるため、大気中の水分が増加して降水量が増えると考えられている。たとえば、気温が一℃上がると、水蒸気量が七パーセントほど増え、大型の台風や豪雨の発生につながる。また温暖化によって熱帯性の気候帯が高緯度方向へ拡大し、気候モデルによると、降水量が五〜一五パーセント増加すると予想されているモンスーン気候の地域も広がる。実際、一九五〇年代以降、陸域の平均降水量は増加しており、特に一九八〇年代以降はその増加速度が速くなっている。その変化傾向は気温の場合ほど明らかではないが、降水量はおおむね増える方向に変化しているし、その傾向も極端になりつつある。しかし、現在の気候モデルの解像度はまだ粗いので、どこで大気のバランスが崩れて、どれほど降水量が増加するかは定かではない。

一方、温暖化による降水量の変化というのは、総雨量が増えたり減ったりするだけではない。降水量の年々そして季節による変動幅が大きくなり、多いときの洪水、少ないときの干ばつが極端になると予想される。実際、世界中の洪水の発生回数は一九九〇年以来急激に増加し、最近は五〜六年の周期で極大期が現れる傾向が認められている。しかし、その変動幅がどこでも同じというわけではなく、変動の傾向も地域や年によってさまざまである。極端な大雨の頻度と強度は一九五〇年代以降、北米をはじめとするほとんどの地域で増加し、干ばつの頻度と強度は地中海と西アフリカなどいくつかの地域では増加し、北米中部とオーストラリアでは減少している。

温暖化は異常高温や熱波、そして暴風や豪雨など数十年に一度あるいは史上初めてという異常気象を引き起こし、大きな被害を受ける地域が増えている。カナダのブリティッシュコロンビア州リットンは六月の月平均気温が二五℃の地域にもかかわらず、二〇二一年には四九・六℃を記録する熱波がやってきて、州全体で二三三人が熱中症などで死亡した。そのとき多くの海洋生物も熱死し、山火事も多数発生した。また、二〇一三年にはフィリピンに観測史上最強の台風ハイエンが上陸し、集中豪雨と暴風・高波で六三〇〇人が死亡し、一一〇〇万人以上が被災した。IPCCの第六次評価報告書では、強い熱帯低気圧の発生数が増え続け、しかもそれが発達して被害を与える地域が徐々に北方に広がってきているとの警告がなされている。

4　森林生態系のストレス耐性

いったん崩れると元に戻りにくい生態系

気候変動あるいはそれによって起こる異常気象は、森林に大きな攪乱をもたらす。とはいえ、発達した土壌の上に背の高い樹木から地表を覆う草までが共存している森林は複雑な生態系である。攪乱を受けても、すぐに構造が劣化して機能を失うようなことはない。ある程度の期間現状を維持できるので、森林は攪乱に対して強靭《きょうじん》である。ただし、その強靭さにも限界がある。

森林の強靱さとその限界を見るために、草原と較べてみよう。ある年に干ばつがやってくると、草はあっという間に枯れ果てて、草原は裸地になってしまうが、森林では枯死する樹木はまれで、一年ぐらいの干ばつはへっちゃらで、今までとほとんど変わらず防風や貯水の機能を発揮し続ける。翌年雨が降れば草原は何もなかったかのようにもとの草原に戻るし、森林もわずかに低下した機能を元通りに回復する。

しかし、この干ばつが四年、五年と続くと、さすがの森林も高木が枯れて裸地が現れるようになり、さまざまな機能が低下する。そこに雨が降っても、元の森林はすぐには戻ってこない。一方、草原は、数年のあいだ裸地のままであっても、雨が降ればすぐに元の機能を回復できる。草原はわずかな攪乱で大きく破壊される脆弱な生態系であるが、数年攪乱が続いても、一年で元に戻れる高い復元力を持っている。対して、森林は少々の攪乱にはびくともしない強靱な生態系ではあるが、崩壊してしまうところ（臨界点）までの変異の幅は小さく、いったん崩れると元に戻りにくい復元力の小さな生態系である。森林は内部の質的な劣化が分かりにくく、いったん被害が出てしまうと、簡単に別の生態系に変わってしまう。

森林に限らず、どんな生態系でも過剰な利用や環境ストレスによる大規模な攪乱や破壊によって臨界点を超えて、復元できないほど変異してしまうことがある。ある臨界点を超えるということは、それまでその生態系を支えていた環境が変質し、別の生態系で安定してしまうことである。森林の場合、永久凍土に依存しているタイガの草原化や攪乱のない環境で成立しているアマゾンの熱帯林の裸地化がそれである。臨界点の向こう側で生態系が安定してしまうと、こちら側へ連れ戻すには、大きな環境改善や植林などの働きかけが必要である。したがって、さまざまな攪乱や気候変動のもとで森林を持続させるには、森林の劣化を正確に把握し、わずかな変化の兆候も見逃さないように注意しながら、臨界点を超えないように利用・管理しなければならない。

さて、気候変動の主要因は人為であるとされるが、具体的にはどのような活動が問題で、人々の生活は森林にどのような影響を与えているのだろうか。それを次章で見てみよう。

コラム4　永久凍土を失ったタイガは草原になる

カラマツ林が火事になると跡地には先駆樹種のカンバが侵入して、カンバ・カラマツ混交林を経て明るいタイガが回復するのは本文で述べた通りである。しかし、タイガのカラマツ林は永久凍土と一蓮托生で維持されているので、永久凍土を失えば後戻りのできない崩壊が待っている。その一つの極端な例が、ヤクート語で「アラス」と呼ばれる起伏のある草原（サーモカルスト）である。これは永久凍土の融解によって生まれる。

図1－7：アラス

タイガでは、人里から遠いために消火に手間取るので、小規模な火事でもかなり広い面積を焼いてしまう。そんな跡地に広々としたアラスが出現する。タイガの中のアラスを見にヤクーツクから出かけた。夏だったので、フェリーで一時間あまりかけてレナ川を越えたが、冬なら氷の上を自動車で渡れるそうだ。溝のまったくなくなった、つるつるのタイヤをはいた日本の宅配便の中古車でも、低温のために氷の上を滑らないで進めるそうだ。

バイカル湖から流れるレナ川の右岸の河岸段丘を越えて、直線で四〇キロメートル、曲がりくねった森の中の路を一〇〇キロメートル近く進んで、午後遅くに到着したアラスステーションはタイガの中に建てられたトレーラーハウスのような建物だった。周りをタイガに囲まれた草原がすぐ横に広がっていた。

職員の説明によれば、永久凍土の中に四〇〜六〇メートルの深さの巨大なくさび状の地下氷が埋もれていて、広く分布している。火事か伐採でタイガによる被覆《ひふく》がなくなり地表が露出すると、地温が上がるので永久凍土が融解し、地盤は一〇メートルほど沈下する。溶けた水が地表に溜まって当初は池になるが、そのうち干上がって中央に水溜まりや沼地のある草原になる。アラスステーションの横の草原の中に猟師がカモを撃つために一〇年前に建てたやぐらが残っていた。当時は渡り鳥が飛来する池があったが、すでに水はなく、今は牧畜に使われる草原である。アラスの辺縁部分では植生が少なくなってしまっているため地下の氷楔の融解と地盤の沈下がいつまでも続く。その結果、アラスの中央に向かって地面は傾斜し、斜面の上のタイガも林縁の樹木から順に傾いて、枯れていく。小さな空き地からはじまったタイガの崩壊はいつまでも周りへ広がっていき、広いものでは差し渡しが数十キロメートルに及ぶ草地になってしまう。見せてもらった草原でも、周りの森林に近いところでは地面が傾いて枯れかけているカラマツが多数見られた。地盤の沈下もたいていは二〇メートルほどであるが、中には三〇メートルを越えるところもできるそうだ。アラスの中は永久凍土が融けてしまっているため、タイガに戻ることはない。小さな火事や木材生産のための伐採がタイガを臨界点の向こうへ押しやって、永久にタイガが失われる。

第二章　砂漠化と森林
——森林の機能と人々の生活

ここまで気候変動による温暖化や乾燥化が森林に与える影響を見てきたが、その他に、人々が木材を利用しすぎることでも森林は劣化する。特に、生産力の低い乾燥地の森林の劣化・減少は、森林資源の過剰利用によるところが著しい。本章では、馴染みの少ない乾燥地の砂漠化と乾燥地林の機能との関係を気候変動の影響から解説しつつ、さらに乾燥地林が減少する原因の一つである薪炭《しんたん》生産の実情を、世界の木材需要の動向から見ていく。その前に、森林がどのような機能を持って人々と関わっているのかを述べよう。

1　森林が果たす多様な役割

生態系にはさまざまな機能があり、その効果は経済的な指標で評価できるものもあれば、できないものもある。それらの機能によって生態系が供給する便益は「生態系サービス」と言われ、保全サービスや供給サービスなどいくつかに分類されている。森林は多くの機能を持った生態系であり、その機能のほとんどすべてが人々に恩恵をもたらすものである。生物多様性の保全や自然災害の防止、水源の涵養《かんよう》などは、環境を保全し、快適な環境を形成する公益的な機能である。一方、木材やバイオマス燃料などの資源を提供する機能は、経済的な機能である。

公益的な機能

森林は動植物だけでなく、土壌中の微生物なども含めて、多くの生物が相互に関連しあって共存する複雑な生態系である。遺伝子や生物種の多様性は、陸上生態系の中では森林が最も高い。そのため、世界の森林の一三パーセントは、生物多様性の保護を第一の目的とする「保護林」である。

森林は活発な光合成によって、陸上で最も多く、二酸化炭素の「隔離」を行っている。そのため、温室効果ガスの削減への寄与も大きい。ただし、植生の生産量は太陽光の利用効率で決まるので、一年間に吸収できる炭素の量は木も草も大きくは違わない。森林の一年間の純生産量は、一ヘクタールあたり熱帯多雨林が二〇トンで、温帯混交林は一〇トンあり、イネ科草原の七トン（熱帯）から五トン（温帯）より若干多い程度である。しかし、固定・隔離している現存量は、一ヘクタールあたり熱帯多雨林が四五〇トン、温帯混交林が三〇〇トンであるのに対して、イネ科草原は五〇トン（熱帯）から三〇トン（温帯）しかない。その結果、世界の森林には（枯れ木や土壌を含めて）六六二ギガトンの炭素が蓄積されている。森林は大量の炭素を蓄積して大気環境の保全に貢献している。言い換えれば、森林が破壊されると大量の炭素が排出されて、大気環境が大きく変えられる。森林は生育期間が長く、生育途上のものや過熟になったものもあり、破壊されてしまっている森林も多い。地球環境の保全・改善のためには森林をより充実させなければならないし、少なくともこれ以上劣化しないように持続的に管理しなければならない。

森林は大気から二酸化炭素だけを捕捉するのではない。葉や枝はガス状や粒子状の汚染物質をその表面に吸着させて、エアークリーナーの働きをする。雨が降るとそれらは洗い流されて地中に浸透する。森林の土壌は水に溶けた物質を土壌粒子の表面に吸着させて、汚れた水をクリーンにするので、森林は大気と水を浄化する機能がある。

日本の山地は急峻で、斜面崩壊が起こりやすい。しかし、森林があることで土壌が発達し、雨が土壌に浸透するのを助け、地表流による土砂の浸食を防ぐ。さらに、根系が土壌を斜面につなぎ止めることで斜面の崩壊を防止する。また森林があると雪崩や落石も起こりにくくなる。つまり、降水量が多いところでは、森林は斜面の安定に大きな役割を果たしている。災害防止機能の発揮が期待される森林を日本では「保安林」に指定し、特別な管理体制を取っている。

雨の少ない乾燥地でもこの機能は重要である。一年に数百ミリメートルしか雨が降らない地域でも、強い雨が降れば裸地や砂地では強い水食が起こるので、森林が土砂流出や洪水の防止

図2-1：ポプラの防風林

に大きな働きをする。さらに、乾燥地では森林の防風・防砂機能によって飛砂の発生が抑えられるので、農地や宅地の保護に欠かせない。

森林は土壌中に大量の水を貯留することができて、降雨時に河川の流水量が急に増えて洪水になったり、雨が降らないときに川の水がなくなったりしにくくなる。洪水と干害を防止する水源涵養機能を持つ森林は「緑のダム」と呼ばれる。通常の流水をせき止めるダムと違って、緑のダムは蒸散で大量の水を消費するので、流出してくる水量を時間的に平準化するのはもちろん、水量そのものを減少させ、浸食を阻止する働きもする。日本のような湿潤な環境では、上流で森林が水を消費しても、下流の水量に与える影響は少ない。しかし、流出水量の減少は乾燥地では下流での渇水の原因になる可能性もある。極端な例としては、二〇世紀後半に黄河の中流で緑化が進み、黄河の水が河口から七〇〇キロメートル上流までしか流れてこなくなった（黄河断流）。乾燥地では、緑資源と水資源はトレードオフの関係にあり、流出水量の調整は痛し痒しの面もある。

世界中で人々は森林と様々な関係を取り結び、様々な付き合い方をしてきている。その結果、森林を失ったり、変質させてしまったところも多いが、森林との相互作用の中で育まれた人・社会の文化や精神は、人々のアイデンティティの確立に森林が大きな役割を果たしていることの証である。森林の少ない乾燥地でさえ、森林や樹木の存在は人々の生活に潤いを与え、芸術や宗教などの文化への刺激が、それぞれの地域に独自の歴史と伝統を形作っている。こうした文化・保健休養への働きも、森林の大きな公益的機能である。

経済的な機能

森林は木材や木の実、山菜、キノコなどの食料、そして染料や香料などさまざまなものを産出する。それらはすべて地域の経済と社会生活に欠かせないものである。他方で、森林の経済的価値の利用には、持続性を劣化させる危険が伴うことも多い。

当然、経済的に重要であればあるほど、集中的に収奪される。重要度に応じて取り扱いは慎重になるものの、保全的に扱われていたとしても、利用が続けば破壊されて失われる危険は大きくなる。森林の劣化・崩壊は、森林を持続させることを最大の前提とする公益性の喪失でもある。森林の公益性と経済性は両立しにくく、両者はトレードオフの関係にあることが多い。

そのため、第五章で触れるような、天然林か人工林かといった二者択一の議論が起こる場合もある。

しかし、森林を放置すれば環境保全機能が発揮できるとは限らないし、利用すれば環境を破壊するとも限らない。健全な森林は、さまざまな公益的機能を発揮しながら、同時に多くの資材を人々に提供できる。そこに森林を管理する目的と技術がある。

乾燥地でも森林は最も複雑な構造の植生であり、その地域では一番多くの機能を持った生態系である。特に、資材を提供し、災害を防止する機能は、人々の生活を安定させる上で、他の生態系では代わりをすることができない。しかしこれから見るように、気候変動が乾燥地の環境をこれまで以上に荒々しいものにし、乾燥地の森林の劣化が進み、乾燥地の住民の生活に欠かせない林産物の供給が逼迫するなど、さまざまな不都合が起こっている。

2　乾燥地の環境問題

さて、乾燥地とはどんなところで、そこにはどんな森林が成立しているのだろう。

乾燥地と森林

ある土地で植物が生育するときの乾燥具合は、水の供給量である降水量と、十分に水のある状態での水の需要量、すなわち水が不足していないときの蒸発と蒸散で大気へ戻る水の量（可能蒸発散量）の割合で決まる。蒸発は、水溜まりの水や葉の上の水滴が水蒸気になって大気に戻ることで、大気の乾き具合だけで決まる。対して、前章でも説明したように、蒸散とは葉の表面の気孔を通って植物体内の水が水蒸気になって大気に戻ることであり、植物の都合で気孔を開閉した結果を反映する。降水量が可能蒸発散量の三分の二よりも少なくなると、植物は水ストレスを受けはじめる。したがって、それ以下のところが乾燥地である。

世界中の降水量と可能蒸発散量の値をもとに集計すると、乾燥地は六一二四万平方キロメートルあって、全陸地の四二パーセントを占める。これはユーラシア大陸にオーストラリア大陸を加えた広さに相当する。我が国は全域が湿潤地なので、乾燥地がこんなに広いというのは、にわかには信じられないかもしれない。

乾燥地は定義の通り、植物が生育するのに水が不足している乾燥したところだが、一年中ずっと乾燥しているとは限らないし、気温も高いとは決まっていない。

まず、乾燥地の気温についてみてみよう。サウジアラビアの紅海沿岸の都市ジーザーンは、年降水量一四〇ミリメートル、年平均気温が三一℃で、夏は三四℃、冬は二六℃とイメージ通りの一年中暑い乾燥地だ。一方、日本に最も近い乾燥地の中国内蒙古《ないもうこ》自治区では、省都の呼和浩特《フフホト》の年降水量は四〇〇ミリメートルに達しないし、夏の最高気温は三〇℃近くまで上がるが、冬の最低気温はマイナス一五℃以下になる寒冷な乾燥地だ。チュニジアの中部でサハラ交易の要所として栄えたサハラ砂漠の北端の都市トズールは、年降水量は九六ミリメートルしかなく、夏の最高気温が四九℃、冬の最低気温がマイナス三℃と一年の気温差が大きい。このように同地は暮らしにくいところだが、乾燥地はイメージとは違って、気温の低い場所も多い。

乾燥地では降雨の絶対量はどこも少ないが、降水量の季節変化のパターンは、雨季と乾季のある「冬雨型」と「夏雨型」、そして一年中雨の少ない「通年型」の三つに分けられる。冬雨型は地中海性気候によるもので、寒冷湿潤な冬と高温乾燥な夏が植物の成長を常に制限する。熱帯性気候の夏雨型は高温期に雨が降るので、植物は比較的成長しやすい。乾燥条件下で植物が生育できるかどうかは、一年間の降水量が多いか少ないかではなく、一番乾燥するボトルネックの季節がどれほどのストレスになるかによる。したがって、湿潤熱帯の中にも乾季が厳しいために乾燥地と同じ植生になっているところもある。

乾燥地の降水量は必要量より少ないが、そのほかに年による変動が大きいことを忘れてはならない。乾燥地はもともと雨の降る年と降らない年が極端に現れるところで、年降水量が少ないところほど干ばつが頻発するし、同じくらい大雨が降りやすい。気候変動で降水量の年変動がこれまでよりもさらに大きくなることが予想されているが、今のところどの程度変動幅が大きくなるか正確には予測されていない。

雨が少なく、その少ない雨が季節によって、さらに年によって変動するので、乾燥地は樹木の生育にはたいへん厳しい環境である。そのため、ほとんどの乾燥地では、干ばつになれば枯れて、雨が降ればすぐに再生できる草が優占する。それでも、乾燥に耐えてかなりの樹木が乾燥地に生育している。もちろん湿潤な日本で我々がイメージするような、大きな樹木が集まっていて林内が暗くなるような森林にはほど遠い。都市の公園のように樹木のあいだが空いていて木立の下が明るい森林から、草原の中に疎《まば》らに灌木《かんぼく》が立っているようなところまで、乾燥地ならではのさまざまな景観の乾燥地林が成立している。

そのため、どれほどの樹木が生育しているところを森林とするかを決めるのは簡単ではない。FAO（国連食糧農業機関）が定義している「森林」は、少なくとも〇・五ヘクタール以上の土地に樹高が五メートル以上になる樹木が生育していて、樹冠率が一〇パーセント以上のところである。なお、樹冠率とは、森林を空から見たときに、森林全体のうちで樹木の枝や葉で覆われている部分の割合である。樹冠率四〇パーセント以上を「閉鎖林《へいさりん》」、それ以下を「疎林《そりん》」と呼ぶ。

地球全体で樹冠率一〇パーセント以上の森林は約四〇〇〇万平方キロメートルあって、陸地の三〇パーセントほどを占めている。そのうちの一一〇〇万平方キロメートルあまりが乾燥地に分布しているので、乾燥地の二〇パーセント近くは森林で覆われている。これは意外な広さではないだろうか。しかもそのうち閉鎖林が七四〇万平方キロメートルもある。これは日本の国土の二〇倍近い広さである。乾燥地の森林を侮ってはいけない。

乾燥地は「森林」のほかに「耕作地」「牧草地」「その他の用途」に土地利用が区分され、

「森林」以外に区分される土地には八七〇万平方キロメートルの樹冠率二〜一〇パーセントの疎林が成立している。森林に区分されない土地にある樹林とは、畑の畦《あぜ》に植えられた樹木や草原に疎らに立っている灌木、都市の街路樹などのことで、湿潤な地域では樹林として扱われることは決してない。しかし、乾燥地ではこうした樹木も貴重な木質資源である。たとえば、モーリタニアのサバンナではワジの河岸に植林したアカシアの枝で小屋を作り、幹や葉は貴重な薪や飼料になっている。そんな森林外の樹林と森林を合わせると、乾燥地には約二〇〇〇万平方キロメートルの樹林地があり、乾燥地全体の三〇パーセントあまりを占めている。

樹木が成長できる期間は限られているし、その成長も水ストレスで抑制される。したがって、乾燥地の森林は成長量も現存量も多くはない。成長量は日本のスギ人工林の数十分の一しかないし、現存量も熱帯雨林の一〇分の一以下である。それでも乾燥地では森林が最も豊かな植生であり、人々は家を建てる用材も薪や炭にする燃材も、すべて森林に依存して暮らしている。

砂漠化とその原因

乾燥地が、気候変動や過度の人間活動によって土地の生産力が後戻りできないほど劣化してしまう現象を「砂漠化」という。砂漠化は砂漠が拡大することではなく、乾燥地の土地が荒廃して砂漠に似た状態になることであり、言い換えれば、植生が減少することだと言える。そのため、砂漠化の対象地域は、乾燥地のうち植生が発達していない砂漠とその周辺を除く五一〇

図2-2：砂漠化しつつある乾燥地林

○万平方キロメートルである。そのうちの約八割が砂漠化に直面しているとされている。かなりの推計誤差を含んだ上ではあるが、実際に砂漠化してしまった土地の広さは約一一○○万平方キロメートルと推計されていて、全陸地の八パーセントに相当する。

干ばつになると草は枯れてしまうが、雨が降ればすぐに回復する。したがって、降水量や気温が年によって変動すると植生は大きく変化するが、それは気象の移り変わりに対する植生の通常の適応に過ぎない。それは、土地が荒廃したことで生産力が失われる砂漠化ではない。しかし、どこまでが気象の変化によるもので、どこからが砂漠化による土地劣化の結果であるかを判断するのは難しい。三○年以上通って植物群落を調べている中国の乾燥地でも、年によって裸地が増えたり減ったりしている。その裸地のうちのどの部分が気候変動や定住した遊牧民の活動で荒廃したところなのか、砂地に線を引いて示すことはできない。

衛星写真では解像度が粗すぎて、砂漠化した土地とそうでない土地を細かく正確に区分することはできないし、空中写真は何度も同じ場所を撮影しないので、年や季節による変動を捉えきれない。無論、ほとんどの乾燥地で土地が荒廃し、植生が劣化しているのは事実で、対策が急がれている。しかし、そのための基本的な情報として、砂漠化の起こっている場所と広さについてのデータが十分ではないのも現実である。

繰り返しになるが、乾燥地の多くの場所では、人々による過剰な利用や温暖化による自然環境の悪化が生態系のストレス耐性を弱めている。乾燥地はもともと干ばつが起こりやすく、熱波で高温になりやすい環境ではあるが、近年の温暖化はこれまでとはレベルの違う環境攪乱であり、植生や立地に大きなダメージを与えている。しかも、農業、牧畜、林業による資源利用も、従来であれば節度を持って行われていたものが、人口増加や干ばつの長期化と頻度の増加などの生産環境の悪化に伴って過度な土地利用に転じてしまっており、砂漠化に拍車をかけている。

常に水が不足する乾燥地の農業ではあるが、外部から水を導入する灌漑《かんがい》によって生産量を増やすことはできる。しかし、灌漑を不用意に行い、「過灌漑」が起きてしまうと、農地への塩類集積が進んだり、周りで水不足が深刻になったりして、かえって農地を失うことになる。また、草地がいったん農地になると、耕作を止めても元の牧草地には戻らない。牧草地が農耕に使われれば、農地としても牧草地としても生産性が低下する。これを「過耕作《かこうさく》」という。また、農地を拡げるために森林が伐り開かれれば、木材が焼却や利用・廃棄されて、大量の炭素が大気に放出されるし、農地としての利用が続かず、跡地に植生が戻ってこなければ、風食《ふうしょく》が起こって、砂が移動しはじめる。

牧畜生産を増やすには、家畜頭数を増やすしかないが、頭数の上限は牧草地の飼料植物の量、すなわち牧養力で決まっている。家畜頭数を牧養力以上に増やすと、牧草がみんな食われてしまったあとも、多くの家畜が餌を求めて歩き回るので、草原の土壌が劣化し、生産力が低下する（「過放牧《かほうぼく》」と呼ばれる）。気候変動が草原にストレスを与えて牧養力を低下させると、家畜頭数が同じでも過放牧の状態を生み出す。牧養力を超えてしまった家畜の群れは草原で飢え死にして、家畜を失った牧民は都市のスラムに流れ込むしかなくなる。

人口が増えると薪炭材の需要が増え、樹木が大量に伐採される。伐採したあとの林分の再生は自然に任せるのがほとんどのため、同じ種類の木が更新しなければ、林分の構造が変わってしまう。求める種類の木が減ってしまえば、さらに多くの木を伐り出すことになる（過伐採《かばっさい》）。作物や牧草と違って、樹木は成長に時間がかかるのにもかかわらず、薪炭林は無計画かつ大量に収穫されがちで、ついには森林ごと崩壊してしまう。

また、枝葉の燃えかすと木灰で土壌の肥沃《ひよく》度を向上させる焼畑や、枯れ草を焼いて家畜が食べやすい新しい草の芽吹きを促すサバンナの事例など、世界中の森林ではさまざまな目的で火入れが行われている。先に述べたように、こうした火入れは簡単に大火災となる。そうなってしまえば、樹木は焼き払われ、土地の生産力も一気に奪われてしまう。

森林は、食料増産・農地拡大の要求に応じる格好の場所として、積極的に破壊され続けている。開墾されて、農地になるところもあれば、牧草地として利用されることで常時、林内に家畜が入ってきて更新が起こらなくなるところもある。牧畜と農業のリザーバーとしての森林が破壊されてしまうと、干ばつになったときに、牧畜民は家畜を緊急避難させる場所をなくし、農民は農耕に欠かせない水源を失うことになる。

コラム5　よかれと思ったことが砂漠化を生む

大規模な農地造成もしっかりした灌漑施設の建設も、農業生産を高め地域の発展を目指したものである。しかし、それがかえって生活基盤を悪化させてしまうことがある。セネガルでは日本のボランティア団体がマンゴー園の造成を支援するにあたって、灌漑用に新しく深い井戸を準備した。農民は思いもよらない水源を得たことを喜んで、勤勉に働いて灌漑を続けたが、マンゴーの木が大きくなるころには地下水が涸渇し、マンゴー園は元の砂地に戻ってしまった。しかも、

図2-3：新しく造成された灌漑農地

マンゴーが枯れそうになったとき、農民は生活用水までも灌漑に使ってしまった。支援が地域社会の持続性に与える影響は、地元民も支援者も予測がつかず、取り返しのつかない事態になってから、責任の押し付け合いがはじまる場合も少なくない。

灌漑農地の造成が地域の農業と牧畜の関係を危うくし、住民紛争に発展する場合も多い。大規模な農地造成による社会の不安定化の例は、ケニアで見ることができる。首都ナイロビの北一五〇キロメートルにそびえるケニア山を水源として、ケニア東部の乾燥地をインド洋まで流れる全長七〇〇キロメートルあまりのケニア最長のタナ川の中流に、新しくブラ灌漑農場が建設中であった。一つの広さが約一〇ヘクタールの農地が二〇〇〇以上集まった大規模な農業団地である。灌漑庁が灌漑施設とその水の管理をし、すでに二〇〇〇人以上の入植者がトウモロコシやワタ、野菜のほか、スイカまで栽培をはじめていた。

入植している農民はケニア各地から集められた人々で、タナ川沿いにしか緑地のない乾燥地を従来から利用していた牧畜民は広い牧草地を失ったことになる。これまでもタナ川流域では農民のポコモ族と牧民のオルマ族のあいだで紛争があり、多数の死者が出たり、多くの家畜が奪われる事件が起きている。複雑な部族問題も絡んでいて、簡単に状況は理解できないが、土地を追い出された人たちは快く思っていないことだけは確かだ。農業はタナ川の水が頼りだが、これほどの広い農地に水を使ってしまうと、周辺や下流域の牧草地への影響も大きいだろう。農地造成が農民と牧民の紛争の種をまき、そのとばっちりが森林に及ぶ。周りは灌木疎林しかないので、造成した農地は決して肥沃な土地ではない。何度かの耕作で地力が失われてしまえば、入植した移住者が不法な焼畑農民の一群に加わるまでに、それほど高いハードルがあるわけではない。

農耕と牧畜が相互に扶助しつつ続けられているところへ、生産力向上のための灌漑が暗い影を落としているところもある。シリア北部のユーフラテス川が流れるアレッポの周辺の乾燥地では、川の水や地下水を使ったワタの栽培が行われて、周りの草原では遊牧民がヒツジを飼っている。地中海性気候のために冬に雨が降り、夏は乾燥するので、秋の端境期には牧草が不足する。そんなとき、牧民は収穫が終わったワタ畑にヒツジを連れて行き、農民にお金を払ってワタの茎や葉を食べさせる。木綿を食べさせて羊毛を作る牧畜である。ワタの実が残っていると栄養価が高くて利用料金も高くなる。ヒツジの糞は農地を肥沃にする。

そんなワタ畑だが、積極的な灌漑がはじまると情況は一変する。一応、過剰な灌漑を避けるために周囲の畝にヒマワリが植えられ、ヒマワリの花が下を向けば水が入れられてワタが元気になるように対策がなされている。しかし、そんな栽培も、続けていると次第に地面が真っ白な塩の層で覆われてしまう。除塩をして畑地を再生させるのは経済的に見合わないので、塩が集積してしまった農地は順次放棄されて、新しい農地が造られる。ヒマワリに縁飾りされた灌漑農地の後ろには、植物がほとんど育たなくなった塩類集積地が荒れ地として残されていく。牧草地としても使えなくなった荒れ地が増え、土地が不足すれば、農民と牧民のあいだで土地の奪い合いがはじまる。

牧草地が耕作されて劣化するのは、ウランバートルの郊外に延々と続く放棄された小麦畑の跡がよい例だ。文字通り、地平線まで切れ間なく耕作されているのには驚く。これらは、一九九二年の民主化以前に、牧草地を開墾して食料増産を図ったもので、当時のモンゴルの食料自給に大いに役立った。その後、農地の多くは耕作が中止され、放棄されたが、二〇年以上経った今でも周りの草原と草の種類が違うので、小麦畑の跡だとすぐに分かる。もちろん、牧草地としては使えない。牧草地は遊牧民が植物の状態を見ながら、丁寧に放牧の場所を選んで家畜を追うことでしか維持できない植生なのである。

そんなモンゴルでは、ステップに散在する灌木林が過剰に伐採されて失われつつある。樹木の

図2－4：草原を開墾した小麦畑

採取について何の規制もなかった一九九二年以前には、一家族で一年間に一〇トンもの灌木が燃料として刈り取られていた。さすがに森林を片っ端から刈り取っていくというような使い方ではなかったが、それでもステップの天然の灌木林はほとんど失われ、砂嵐の発生頻度も増え、周辺の草原の砂漠化が進んだ。その後、伐採が禁止され、植林による再生の試みもはじまっている。しかし、長期間にわたって手入れをしながら木を育てるという技術も習慣もないので、たいていの場合、二、三年経つとどこに植えたのか分からなくなってしまい、灌木林の跡は相変わらず荒廃した草原のままだ。

3　木材の利用が進んでいる

森林が提供するさまざまな資源は人々の生活に欠かせないものである。人口が増えて社会が発展すると人々の利用が拡大し、森林が持続的に提供できる量よりも多くのものが森林から持ち出されていく。

木材の消費量

木材を森林から収穫して利用するには、まず樹木を幹の根元で伐り、さらに枝を落として丸太にする。これを原木《げんぼく》あるいは素材という。原木は製材（角材《かくざい》や板材《いたざい》）や合板《ごうはん》類、あるいはチップになる用材《ようざい》と、薪や炭、ペレットなどの燃料用の燃材《ねんざい》に分けられる。

我々の周りでは、木材はほとんどが建築や家具あるいは紙になって使われていて、いろりや暖炉、あるいは焚き火のように、木を燃やす機会が少ない。そのため、原木の大半は用材として使われているように思いがちである。しかし、世界には毎日の煮炊きや冬を過ごすために薪や炭が欠かせない生活をしている人々がたくさんいる。世界の原木生産量のうち、燃材は四九パーセントを占める。用材とほぼ同じ量が、燃やして使われているというのは少し意外ではないだろうか。

図2-5：川の貯木場に集められた原木

原木の二〇一九年の世界の総生産量は三九・七億立方メートルで、二〇一五年には三七・五億立方メートルであった。最近五年間は、毎年四〇〇〇万立方メートル以上、生産量が増えている。この増加分の五分の四は用材であり、世界的には用材の消費量が著しく増えている。

ただし、木材需要の大半が燃材であるアフリカなどでは、木材生産量が正確に集計されていない。たとえば、コンゴ共和国では正式な統計資料に載っている生産量の一〇倍の木材が小規模な伐採業者によって生産され、地域で消費されていると言われている。ケニアの乾燥地では、農地の周りにユーカリを植栽し、長さ一〇メートルほどの細い丸太を大量に生産している。しかし、そこは農地なので、木材の生産量として集計されることはないし、

図2-6：荷車に山積みにされた薪

販売先が小さな町の材木屋では、市場に流通する資材として統計量に計上されることもない。日常生活に使う燃材についても事情は同じか、あるいはより実態がつかみにくくなっている。

中国雲南省の苗《ミャオ》族は一週間に二回、荷車一杯の薪を集めてくるが、すべて自家消費してしまうので、どこからどれだけ集めてきて使っているのか、誰も把握できていない。モンゴルのステップでも冬を越すために大量の灌木が非合法に伐採されているが、中央政府では収穫されていることとさえ把握できていない。炭についても、後述するように、農家の現金収入として重要であるが、それぞれの農家が客と相対《あいたい》で売っている限り、統計量には入ってこない。

木材は大きな資材だが、森林という広くて目の届きにくい場所から収穫されてくるので、工業製品や農産物のように正確に収穫量が集計されにくい。しかも、森林の面積や生産量を報告しない国や地域も少なくない。したがって、世界で最も信頼できるFAOの統計資料といえども、そういう統計資料のないところについては、近隣の資料や一般的な傾向から予測して集計しているので、木材の生産量・消費量にはかなりの誤差が含まれている。

木材が不足する

いずれにしても、今のところは消費量に見合う程度の生産量の増加が可能な状態にあるように思われる。それでも、一九九〇年代の木材の需給関係を振り返れば、将来的には森林資源の不足で木材価格が高騰する可能性が高い。

一九九二年にはマレーシアが、そして翌年にはアメリカが自国の天然林を保護するために伐採制限をはじめた。その結果、アメリカでは用材の生産量が一九九〇年には四六〇〇万立方メートルあったものが、三年後には一〇〇〇万立方メートルまで減少し、木材価格が高騰した。このときの木材不足に対しては、天然林の大径材《たいけい》を使わずに、曲がっていて形質は悪いが資源量の多い二次林の小径材《しょうけい》を利用する「集成材」のような新しい資材の開発が進んだ。集成材の増産で価格は安定し、木材市場の混乱は短期間で収まった。

しかし、一九九九年に中国で天然林の禁伐が強化されたことで、生産量は大きく減少した。

さらに中国は近年の経済発展による木材需要の増加に対して、ロシアから大量の北方材を輸入するだけでなく、世界各地から木材を買い集めて賄《まかな》っている。この需要増の勢いが続けば、世界全体で木材の供給が逼迫《ひっぱく》し、木材価格の急騰を余儀なくされる。第五章で触れる二〇二一年に起こったウッドショックは、その一つの現れであると言える。

中国が天然林を禁伐にして森林資源の保全を重視しはじめたきっかけは、一九九八年に起こった長江の大洪水である。この大洪水では二億人が被災し、四〇〇〇人以上の死者が出た。洪水の原因は、長江上流域で森林が伐採されて、その跡地が畑地や牧野に変わってしまったことであった。つまり、上流の降水量の多い地域で森林の水源涵養機能が失われたために、雨が降った直後から雨水が急速に長江に流れ込み、下流域での洪水被害を拡大させた。

そこで、退耕還林《たいこうかんりん》（森林を開墾した耕作地に植林して元の森林に戻すこと）による森林造成を急ぐと共に、残っている天然林をこれ以上減らさないために、その年のうちに四川省で天然林全面伐採禁止が打ち出された。四川省涼山自治州では毎年、天然林の伐採によって五〇～一〇〇万立方メートルの木材が生産されていたのに、一九九八年以降はまったく生産されなくなった。対策は全国で実施され、中国の原木生産量は一九九七年の六三九五万立方メートルから、二〇〇〇年には四五五二万立方メートルまで減少した。仕事のなくなった伐採作業員は代わりに植林に従事し、森林造成が進められた。それでも長江は二〇二〇年七月に再び増水し、二〇〇九年に完成した三峡《さんきょう》ダムの決壊が一週間以上にわたって危惧されるほどの大洪水となってしまった。森林造成による治水の難しさを示す例だと言えよう。

森林に治水効果がないのではない。治水機能を発揮できる森林を造成維持することが難しいのだ。森林では大規模な盗伐が易々と起こる。中国東北部の大興安嶺《だいこうあんれい》の大森林地帯でも盗伐は深刻な問題であり、営林署《えいりんしょ》のすぐ裏の山でさえ、たくさんの木が盗伐されて、森林が崩壊しかけている。盗伐を防ぐために幹線道路に立派なゲートを備えた検問所が設けられ、伐採の最盛期の秋と春は二四時間体制で検問している。これで盗伐は防いでいると担当者は説明してくれたが、道路沿いのモンゴリナラの天然林の中には伐採されたばかりの多くの切り株が残されていて、いたちごっこが続いている。これも木材需要が高いためである。

以上のような国土保全や森林資源保護のための伐採制限のほかに、二酸化炭素排出量を削減するために森林の伐採制限が広がれば、世界的に木材の需給が逼迫する。

なお、二〇一九年における世界の用材の消費量二〇・三億立方メートルに対して、貿易量はその七パーセントの一・四億立方メートルである。日本の木材消費量に占める外材の割合（六〇パーセント）と比べると、驚くほどわずかである。しかし、今後は貿易量が増加し、世界の木材需給や地域住民の生活に対して大きな影響を与える可能性もある。

木材は重くて運搬には不向きなので、本来はできるだけ産地に近いところで消費することが望ましい。余裕のあるところから足りないところへ運び出して分配すれば木材不足を解決できるというほど、簡単な話ではない。しかし一方で、北欧材などを大量に輸入している日本や、アフリカ諸国から日本の総消費量に匹敵するほどの木材を買い集めている中国のように、経済力のある国は木材貿易をグローバル化し、木材資源を地球規模で買い求める。それが七パーセントの貿易量である。気候変動対策として、再生可能エネルギーの木材の需要拡大も進みつつあり、いよいよ木材の国際的な争奪戦は激化しつつある。世界の木材需給が逼迫すれば、世界中の至るところで深刻な木材不足が貧しい人々の暮らしを直撃する（木材貿易の実態や課題については、第五章で日本の過去の木材事情を振り返りながら詳しく述べよう）。

これまで利用されることのなかった形質の悪い木材を利用できるようにする技術革新はもちろん、伐出時に林内に放棄されてきた林地残材《りんちざんざい》をバイオマスとして有効活用するなど、木材資源の不足を緩和する方策を世界的な規模で講じなければならない。ただし、林地残材のむやみな利用が伐採跡地を栄養不足にする可能性もあり、資源利用の技術開発には安定した生産環境の維持に十分な気配りが欠かせないこともまた、忘れてはならないだろう。

コラム6　いろいろな木材の使われ方

草原が主体で森林資源は極めて少ないと思われている乾燥地においても、人々の生活には燃材だけでなく、建築資材としての木材が欠かせない。

図2−7：広場に作られた細い木を組んだアーケード

モーリタニアの北部で、サハラ砂漠に近いサヘル地域の中心都市ティディクジャでは、市《いち》の立つ広場に不揃いな丸太を組み合わせた商店が並んでいる。図2−7はバザールの開かれる前なので、骨組みしかないが、こうした木組みは伝統的な家の作り方である。ケニアでも多くの商店は細いユーカリの丸太を組み合わせて作られているが、そのための太さ一〇〜一五センチメートルのユーカリの丸太は太さ別に積み上げられて、町の材木屋で売られている。日本では今はまったく使われなくなった足場丸太のようなものである。調査で森林の中にやぐらを組まなければならなくなって、こうした丸太を使ったら、高さ一〇メートルほどの丈夫なやぐらがあっという間にできた。日本の工事現場の足場はみんなスチールパ

図2-8：跳ねつるべ

イプになっているから、こんなに細い丸太で作ったやぐらに登っても大丈夫なものかと不安だったが、使ってみてその丈夫さと便利さをあらためて知った。また日本でも足場丸太が建設現場で使われるようになれば、日本の林業の資金繰りも楽になるのだが、しょせんは見果てぬ夢である。ちなみに、調査に使ったやぐらは使い終わるとすぐさま解体されて、近くの農家の改築に使われてしまった。

モーリタニアのオアシスの農家の屋根は、ナツメヤシの葉を編んだマットを細いアカシアの垂木で支えている。アカシアの小丸太は集落の側に造成したアカシア林から収穫し、垂木や薪として使われる。このサハラ砂漠の中の集落までは、ほとんど植物のないワジの河床を一時間近くランドクルーザーを飛ばしてこなければならなかったが、そんな乾燥地の中でも、人々はなけなしの水を使って木を育てている。いや、木を育てないと暮らせない。井戸から水を汲み出すための「跳ねつるべ」も立派な木材がなければ作れない。

太い材が手に入るところでは、またそれなりの木材の使い方がある。サウジアラビアの南東部でイエメンに近い山岳地では、薄い板状の石を積み上げて、チェスの駒のような塔のある家と段々畑が作られている。訪ねていくと谷間に響き渡る銃声で出迎えてくれた。のどかな山岳地の寒村のように見えて、隣国や近隣の部族間で緊張した毎日を送っているようだ。塔は穀物の貯蔵庫であると同時に、監視のための物見やぐらである。厚さ三〇センチメートルはあろうかと思われる石の壁の外側は凸凹したままで石積みの様子が分かるが、内側は漆喰が塗られて滑らかになっている。その構造を支えている太さ二〇～三〇センチメートルの柱や梁《はり》は近くの山に自生する針葉樹の木材である。石積みには木材が組み合わさらないと高い塔は維持できないのだろう。

4　炭も薪もたくさん使われている

燃材の需要

燃材は、調理、暖房、発電のために燃やされる木材である。薪や木炭、ペレットなどがそうであり、原木丸太がすべて炭や薪、チップにされる場合と、樹木を伐採して用材にする際に伐り落とす枝や幹の一部が薪などとして使われるものとがある。両者はあくまでも森林から収穫

図2-9：三石かまど

されて、直接エネルギーとして使われるものである。一方、林地残材や廃材がエネルギーとして使われても、統計上は燃材には含まない。しかし近年、日本の燃材の中に占める廃材の割合が増えてきているため、二〇一四年から日本の木材需給の資料には、廃材からの燃材も計上されるようになっている。

世界全体での燃材の生産量は一九・四億立方メートルで、木材生産量の半分を占め、この用材と燃材の割合は一〇年以上変わりがない。しかし、二〇一九年に世界中で使われた燃料の八九パーセントは化石燃料と原子力であり、燃材を含む再生可能エネルギーは世界のエネルギー消費量の五パーセントを占めるに過ぎない。こうしたエネルギーの需要傾向を反映して、先進国での燃材の比重は軽く、北米では木材生産量に占める燃材の割合は一二パーセントで、欧州は二二パーセント、オセアニアは一二パーセントに留まっている。

しかし、途上国では事情はまったく違う。燃材の七〇パーセント以上がアジアとアフリカで生産されており、途上国では燃材というよりも薪炭材というほうが実態をよく表している。その内訳を見ると、木材生産量がアメリカに次いで世界二位のインドでは八六パーセントが、アフリカ全体でも九〇パーセントが薪炭材である。アジア（六一パーセント）も中南米（五二パーセント）も、木材の大半が薪炭材として使われている。

途上国では、燃材は伝統的な生活を支えるために唯一利用できる大切なエネルギー源である。ケニアでもマダガスカルでも、民家に入れてもらうと、いくつかの石を丸く並べた三石かまどで小枝がいつも燃えていて、温かい。セネガルの村では直径五センチメートルほどの薪を三本くべれば昼食の準備が整った。モンゴルでは普段はウシの糞で調理し、暖を取っているが、特別寒い冬の夜は薪が欠かせないので、草原の民もゲルの横には高価な薪を積み上げている。

最近五年間で、燃材の生産量は四三〇〇万立方メートル増加した。地域別に見ると、アジアは減少したが、その他の地域はみんな増加した。アフリカの場合は、ほとんどすべての国で数パーセント増加し、中南米も全体の四六パーセントを占めるブラジルで一〇パーセントの増加を示した。つまり、途上国はおおむねどこも徐々に生産量を増やしている。先進国でもアメリカが六一パーセント増加し、英国も二九パーセント増加した。しかし、その他の先進国には目立った変化はなく、それぞれの国の事情に応じて増減している。先進国で近い将来、木質資源が経済的発展を保証する安定したエネルギー源になるとは考えられない。しかし、燃材は二酸化炭素を増加させないクリーンなエネルギーとして、気候変動対策に有効であると認識されてきてもいる。再生可能なバイオマスエネルギーとして、需要は拡大傾向にある。その典型例が二〇一四年以降の日本の生産量の増加で、五年間で実に二・五倍増という突出した値を示している。これについては第五章で詳しく解説する。先進国での燃材需要は増加しつつあるが、アフリカと欧州・北米を中心に取引されている量はまだ生産量の〇・五パーセントにも達しないわずかなものであり、統計上、今のところはどの国もほぼ国内需要を自国でまかなっている。

　もう少し長い時間変化を見てみると、アフリカでの薪炭材の生産量は一九七〇年から一九七七年までに四〇パーセントも増加し、一九八二年までにはさらに一二パーセント増えた。この急激な消費量の増加は人口の増加によるものだけではなく、近代化で石油依存が進みつつあったアフリカ諸国が一九七〇年代のオイルショックで木質エネルギーへの回帰をはじめたことによる。オイルショックで石油依存に不安を持ちはじめたのは、先進国だけではなかったのだ。

　開発途上国では、燃材は気候変動対策のための流行りの燃料などではない。世界統計は途上国のこうした炭や薪の現状と先進国の次世代エネルギーを同じテーブルの上で扱うので、途上国にとっての燃材の重要性が分かりにくく、エネルギー事情の現在の窮状も見えてこない。

　途上国の薪炭材と先進国のバイオマスエネルギーは、どちらも地域環境の保全と密接に関係しているが、人々の生活との関係や地域社会への影響の仕方がまったく違っている。しかし、両者は同じ資源を取り合うので、今後は先進国による次世代エネルギーの需要増加が、途上国が伝統的に利用してきた燃材を搾取し、地域の生活を圧迫することになりかねない。

途上国でも、太陽光や風力、地熱、バイオマスなどの再生可能エネルギーの利用拡大が進められている。住環境や生産基盤が劣化するのを防ぐために、身近な森林を薪炭材として過度に利用しないようにして、これまで使われてこなかったエネルギー源の利用を考えるという方針は間違っていない。そのためのさまざまな試みが続けられている。しかし、近代的な再生可能エネルギーを利用するためのインフラ投資が、途上国で先進国と同じように進むとは考えにくい。新しい技術や資材を導入するにあたって、現地での利用が続くかどうかの十分な検討が欠かせない。たとえば、ソーラークッカーで調理ができたとしても、集光パネルは壊れるとすぐに代わりは手に入らないので、援助で手に入れた道具は壊れてしまうまでの一回限りのものになってしまう。また調理のための火は暖をとるためのものでもあり、太陽光で調理はできても相変わらず薪は使われ続けるだろう。地域住民が積極的に受け入れ、独自に技術を発展させて生活を変えるには、地域社会のニーズとその置かれている状況を考慮して住民の活動を支援する視点が欠かせない。彼らがそれを作るか、購入し、利用し、修理できるものでなければならず、そのためには住民の能力を信頼することが最も重要になる。しかし、この点が疎かになっているケースも多い。支援事業が思うような成果をあげられない原因として、この視点を忘れてはならない。過保護も甘やかしも自立につながらない。先進国からの援助を前提とした実施

図2-10：刈り取りが進んだ薪炭林

計画ではなく、受益者に応分の負担をしてもらい、住民が自力で前進していくことに期待したい。それでこそその支援である。

薪炭林

薪や炭は高温でゆっくりと燃えるものほど、調理や暖房に適している。したがって、材密度が高くなるように林分密度を樹種の特性に合わせて管理していくのが望ましい。しかし、世界中のどの地域でも、薪炭林は収穫したあとは自然に再生するのを待つだけで、積極的に管理されることはあまりないため、思うような材がとれるとは限らない。利用者は、生育しているいろいろな樹種の中から良いものを選び出すので、樹脂や油脂が含まれ燃えやすい樹木から刈り取られていく。そうして伐採された燃材として好ましい樹種が、再生した林分に再び育ってくる保証はない。天然更新により世代を繰り返すと、ますます利用価値のない樹種の割合が増えてしまい、薪炭林としての質が低下する。そうして、利用価値の高い樹種への利用圧が高くなり、森林の劣化が進む悪循環に陥ってしまう。その結果、ケニアの乾燥地の集落周辺の疎林は、幹が細く、炭や薪に使えない灌木や、ほとんどの枝が刈り取られて幹だけになってしまったアカシアなどが、ごく低密度に生育する雑木林になってしまっている。

途上国における人口の増加や生活レベルの向上で薪炭材の需要が増加し、薪炭材が不足して、たとえばモンゴルのウシの糞や中国内蒙古の農家のトウモロコシの葉や茎のように、従来は土壌に還されて草地や農地の肥沃度の維持に欠かせなかった残滓が燃材として大量に域外に持ち出されて利用されてしまうようになると、農牧畜生産に少なくない影響が出てくる。そのため、エネルギーの供給だけでなく、生産環境の改善のためにも、新たな薪炭林の造成が求められる。

しかし先に述べたように、不足している実数についての資料はほとんどないので、このままではどれほどの薪炭林が不足しているのか分からないまま、世界中の雑木林が劣化・消滅し、さらには周りの立派な森林までもが疎らで生産力の低い薪炭林に変えられてしまうおそれがある。それを防ぐために、途上国では薪炭林の造成を目的とする植林（エネルギー植林）が各地で進められている。本来ならば、利用者の周りにある天然の雑木林から原料を伐り出せば、原木代はかからない。したがって、お金と労力をかけて植林して薪や炭の原料を生産しようとするエネルギー植林は奇特な行為であって、コスト的には極めて不利である。再生、維持にできるだけ労力をかけなくてすむように、切り株から萌芽しやすく、成長の早いユーカリなどがよく使われているが、それでも世界の植林面積自体が必要量に遥かに及ばない状況にあるため、エネルギー植林はまだまだ増やしていかなければならない。植林した薪炭林の持続的な管理もまた、今後の大きな課題である。

私たちは、薪炭林の造成・管理にもっと関心を向けなければならない。そうすれば、住民たちも薪集めに遠くまで出かけてゆく重労働から少しは解放されるだろう。

乾燥地の森林は消滅の危機に直面しているが、その広さも、蓄積量も、消失の速度も、まだまだ謎に包まれている。遠い世界の話のようではあるが、気候変動対策としてクリーンなバイオマスエネルギーを求める私たちの行動が、結果として乾燥地林の伐採、ひいては砂漠化とつながってしまう危険もあるという話で、乾燥地をほんの少しでも身近に感じてもらえたなら嬉しい。

次章では、人々が高い関心を持っている熱帯林の現状を見ながら、気候変動へ適応するための樹木のストレス耐性について解説しよう。

コラム7　炭は軽くて長く燃える

木材は水を含んでいると重いし、乾いていないと燃えないので、燃料として用いるためには、運び出してきて、長い時間をかけて乾かさなければならない。大きな丸太はある程度乾燥しないと割れないので、伐りそろえて積み上げておいて、使う前に細かく割らなければならない。薪割りは重労働だが、シベリアのタイガで調査をしていたときは、そんな薪割りが一番の楽しみだった。週に一回昼から薪割りをすると、夕方にはサウナに入れる。木の香のする熱気で一週間の汗を流せば、また明日から蚊の大群の中で測定する勇気が湧いてくる。ただし、一週間かけて肌に染みついた虫除けスプレーの成分がみんな流れてしまうので、翌日からは一段と大量の虫除けを噴霧しなければならなかった。

薪をくべるストーブを使ったことのある人は少ないだろうが、材料を選べば、よい匂いがして、温かい。しかし、薪は思いの外に燃えるのが速く、目を離しているとすぐに燃え尽きてしまう。モンゴルのゲルに泊まったときは、夕方からストーブで薪を燃やして暖をとって過ごした。眠る前にたくさん薪を入れておいても、夜中になると燃え尽きてしまう。その前に気がつけば薪を足すだけですむが、火が消えてしまって寒くて目が覚めたときは、毛布を頭からかぶりながら、あらためて種火から火を熾しはじめる辛い作業が待っている。

図2-11：アカシア林の中で行われている伏せ焼き

その点、炭が使えれば長いあいだ温かいし、火力も強い。しかも炭にすると軽くなるので、遠くまで運ぶのにすこぶる便利だ。したがって、薪は生産地の近くで消費されるが、炭は焼かれたところから遠く離れた地域の需要に応じて生産され、運び出されていく。

アフリカのサヘル地域の国々の農村では今も大量の木炭が使われている。それらの多くは簡単な「伏せ焼き」で生産されている。伐りそろえた細い丸太を井桁に積んで、草と土をかぶせて炭を焼くのはコツさえつかめば簡単で、どこでも誰でもできる。ケニアでは子供たちが小遣い稼ぎのように町の近くのアカシア林の中で炭を焼いている。実際は家計を助ける大切な仕事だろうが、違法な作業であり、山火事を起こす危険も大きい。農地を拡げるために雑木林を切り拓いたら、伐り出してきた木材は農地にする

図2-12：できたての炭を集める子供

前の伐開地で炭に焼かれる。その炭を袋に詰めて道路脇に並べておけば、町から来た人々が車に載せて買って帰る。町から遠い農村でも、集落の近くの道路沿いにはぎっしりと炭の詰まった白い袋が並べられている。どれも大きな塊の炭が木の枝で封をした袋の口からあふれんばかりに詰め込まれているのが見える。ただし、上から見える炭は大きな塊だが、袋の中程はかけらのような炭ばかりだ。

町の住人だけがこの炭を買っていくのではない。隣村から自転車で買いに来る農民もいる。購買力の大きな遠くの町の住民の需要を満たすための炭の生産は、農民たちがこれまで無償で手に入れていた炭や薪を地域外の人々が使うことになる。その結果、現金収入の少ない地域住民も都市生活者と同じ経済的負担を強いられる。域外住民による資源の簒奪である。

我々の生活でいま炭を使うとすれば、河原で楽しむバーベキューか茶の湯、あるいは玄関の消臭剤ぐらいだろうか。一九六〇年代の燃料革命までは、多くの家庭で日常的に炭が使われていたし、火鉢の中には必ず炭が熾っていたので、「灰神楽《はいかぐら》」などという言葉も一部現実のものとして使われていた。当時、大阪の町中でさえ、私の母の冬の朝の最初の仕事は、玄関先で七輪の上に底が網になった片手鍋のような火おこし器を置いて、その中に練炭や炭を入れて火を熾すことであった。そのうちガスコンロの上で火をつけるようになって、幾分作業は楽になったようである。火がついた炭が火鉢に入れられるのを待っているあいだの朝の火鉢の縁ほど、冷たいものはなかった。

紀州（和歌山）の名産の備長炭《びんちょうたん》の原料となるウバメガシ林についての明治ごろの報告の中で、三〇年代期で利用するにあたり、原料が不足しないように管理する重要性が説かれている。雑木林であっても、林相《りんそう》が変化しないようにして利用していかなければならないことは、古くから認識されていた。しかし、一九六〇年代からは、炭も薪も日本ではエネルギーとして利用されなくなった。そのため、今ではほとんどの薪炭林は、人々の生活圏の近くにありながら、公益的機能も経済的機能も一切発揮できない利用価値のない低質林になりはてている。この里山をどのように再生して利用するのかは、我々が緑の住環境を構築するための大きな試金石となっている。この件については、第四章で詳述しよう。

第三章　脆弱な熱帯林
——炭素隔離と森林利用

1　穏やかな環境が創り出した森林

熱帯と熱帯林

熱帯は赤道を中心に南北の回帰線に挟まれた地域で、東南アジア、中央アフリカ、南米アマゾンなどが含まれる。太陽が真上から照りつける赤道付近には、「熱帯収束帯」と呼ばれる低気圧帯が形成される。そこは北半球と南半球の二つの貿易風に挟まれて気流が収斂《しゅうれん》し、空気が塊になるので、周りから空気が入り込みにくく、強い風は吹いても長くは続かない。強い日射により上昇気流が起こり、夕立のような大雨が降る。熱帯収束帯は季節によって南北に移動するが、常に収束帯の中にある赤道の近くは年中湿潤《しつじゅん》で四季はない。他方で、一年のうちで熱帯収束帯から外れることのある地域では、気温の低下する冬は乾季になり、樹木は落葉する。

図3-1：熱帯林の林冠

乾季がなく常に高温多湿な地域には常緑広葉樹が優占し、高さ三〇〜五〇メートルの高木《こうぼく》層の下に高さの違う三〜五層の樹木の層がある複雑な垂直構造をした熱帯雨林が成立する。さらに最上層の林冠の上には巨大高木が点在し、「超高木層」と呼ばれ、起伏のある林冠を形成する。

赤道から南北の高緯度方向に離れるほど年降水量は徐々に減少し、同時に乾季が長くなる。降雨に強い季節性があると、樹木は高温が続く乾季に強い水ストレスを受けるので、耐乾性が植物の生存を左右する。そういうところでは、乾季には葉を落とす落葉性、あるいは半落葉性の広葉樹が優占し、「熱帯季節林」と呼ばれる。上層林冠は熱帯雨林よりも低くなり、立木《りゅうぼく》密度も少なく、森林の構造は単純なものになる。乾燥がさらに強くなると、森林と草原が混在するサバンナ、そして砂漠となる。

熱帯雨林と熱帯季節林を合わせた熱帯林の面積は一七七〇万平方キロメートルで、世界の森林面積の四四パーセント、世界の陸地の一二パーセントを占める。そのうち、年降水量が一五〇〇ミリメートル以上あって、月降水量が一〇〇ミリメートル以下かつ乾季が六ヶ月未満の熱帯雨林は、一一〇〇万平方キロメートルである。

「陸上の生態系の中で最も複雑な生態系である」というのが、熱帯林の構造を説明するときの枕詞のようになっている。安定していてほとんど攪乱のない熱帯の環境で生育していれば、耐乾性も耐風性も必要ない。豊富な光と水をできるだけたくさん利用できるように背が高く、効率的な光合成能力があればいい。そのような背景から、熱帯雨林は複雑な生態系となる。しかし、伐採されるとあっという間に赤茶けた土層がむき出しの裸地になってしまって、元に戻らない。実は、熱帯林は決して外圧に強いわけでもないし、いったん壊れたときの回復力も優れたものではない。少々の攪乱にびくともせず、破壊されてもすぐに元に戻れる乾燥地生態系よりもずっと脆弱である。森林の構造もその強靱さも、環境への適応としてできあがったものである。生態系の複雑さは、脆弱さあるいは堅牢さとは直接関係しない。ともあれ、まずはその森林がどれほど複雑であるのかを森林を構成する種数で見てみよう。

生物多様性

森林の樹木の種数は場所によってさまざまである。熱帯林の場合、マレーシアの熱帯林では四七二種（調査した面積は一〇ヘクタール）、ブラジルでは一七九種（三・五ヘクタール）、パナマでは二三五種（五〇ヘクタール）出現した。広く調査すれば種数が増えるという単純なものではないが、同じ場所であれば、調査面積が増えるほど出現する種数は増える。たとえば、インドネシアの西カリマンタンの熱帯林では、はじめの一ヘクタールの調査区内には三五〇種が出現し、隣に一ヘクタール調査区を広げると新しい種が一〇四種増えて、四五四種になった。そして、一一・五ヘクタール調べた結果、一二六九種の樹木が確認された。ただし、同じ場所でも種数と調査面積の関係は直線的に変化するものではなく、はじめは急に多くなり、徐々に頭打ちになる。さらにその関係は場所によって違うので、全部の種数を知るために必要な調査面積は一定ではない。それでも調査面積を増やしながら、出現する種数の増え方を調べていけば、頭打ちになる総種数を把握することができる。そうやって総種数の変化を大きく見てみると、赤道から極に向かって種数は減少する。熱帯林は上に示したように数百種と多いが、タイのモンスーン林で三四種、日本のタブ・シイ林で二六樹種、大山（鳥取）のブナ林ではたったの九樹種になり、北方針葉樹林までいくと数種類になってしまう。

ところで、生態系の生物多様性は単純に種数の多寡《たか》だけでは比較できない。たとえば、五〇種が生育している二つの森林AとBがあるとしよう。どちらも種の豊富さは同じだが、森林Aは一種が全個体数の九〇パーセントを占め、森林Bでは五〇種すべてが同じ個体数の場合、森林Bのほうが森林Aよりも均等度が高いので、多様性は高いことになる。森林Aは、今の地球上の哺乳類の場合のように、絶滅に瀕している多数の種がいる反面、地球のあらゆるところで資源を利用し尽くそうとしているヒトがいるような状態である。つまり、生物多様性は種数のほかに種ごとの個体数の割合（均等度）も重要であり、種数が同じなら、均等度が高いほど多様性が高くなる。一方、均等度が同じなら、種数が多いほど多様性は高くなる。調査面積が広いほど種数は多くなるので、生態系の種多様性は単純に種数で比較することはできないということを忘れてはならない。

それにしても、熱帯雨林には他の森林生態系と比べて、圧倒的に多くの樹種が共存している。それを可能にしている要因として、熱帯雨林の環境の複雑さや、環境の安定性が挙げられている。生態系の中に共存する生物はそれぞれニッチ（生態的地位）が異なる。そして、複雑な構造の熱帯林には多くのニッチがあって、それぞれに適した樹種が生育できる。そのため多くの種が共存できるというのが、環境の複雑さが種数に反映されているという説明である。あるいは、温帯林や北方林は環境が季節によって大きく変化し、どの樹種も同じときに結実や発芽を始めるので、樹種間の立地を巡る競争が激しく、特定の種が一人勝ちする傾向が強くなる。一方、季節性の乏しい熱帯雨林では樹木の結実する時期がそろわず、芽生えの発生も樹種によってばらつくので、樹種間で直接競争する場面が減り、どの種も定着、成長する機会を得ることができるというのが、環境の安定性が多数の種の共存を可能にしているという説である。ただし、その他の仮説も含めて、どれも熱帯林の種数の多さを説明するのに決定的なものではなく、今も議論が続いている。
熱帯林の樹木の葉はどれも同じような形をしていて、樹形もよく似ているので、樹種が替わっても森林の相観に大きな違いは見つけにくい。それでも、取り扱い方によって種構成が大きく変化することが分かっている。マレーシアのフタバガキ林の天然林では四六四種、隣接する択伐林《たくばつ》では四二一種が出現し、それぞれ一七〇種と一二七種が天然林と択伐林の一方にしか出現しない樹種であった。ちなみに、択伐林とは、樹木を伐出して利用するにあたって、できるだけ林分の構造を変えないように、伐採する木を個別に選んで伐り出しながら更新を進めていくため、さまざまなサイズや樹齢の樹木でできあがっている林分である。数百メートルしか離れていなくても、択伐をするなど林分の取り扱いが違うと種構成は大きく違ったものになる。環境が変化すると簡単に種の置き換わりが起こるのは、形態は似ていても特性の異なる樹種が多くあるからである。

コラム8　北でも南でも、蚊はどこにでもいる

北に行くほど生物の活動期間が集中して、種間競争が強くなるのを蚊に食われて体感した。シベリアのヤクーツクの郊外のタイガの中では、蚊を避けるためにネットを被って調査をしていた

が、自分の指先が見えなくなるほど顔の前を蚊が飛び交うのには往生した。両手のひらをパチンと合わせれば、五、六匹の蚊がぺちゃんこになっていた。その蚊の種類も小さな赤っぽいものから大きくて黒いものまで何種類かが入れ替わって現れて、短い夏を分けあっていた。うっとうしいが、そのけなげさからタイガの冬の厳しさを耐え抜いた喜びが感じられて、興味深いものだった。

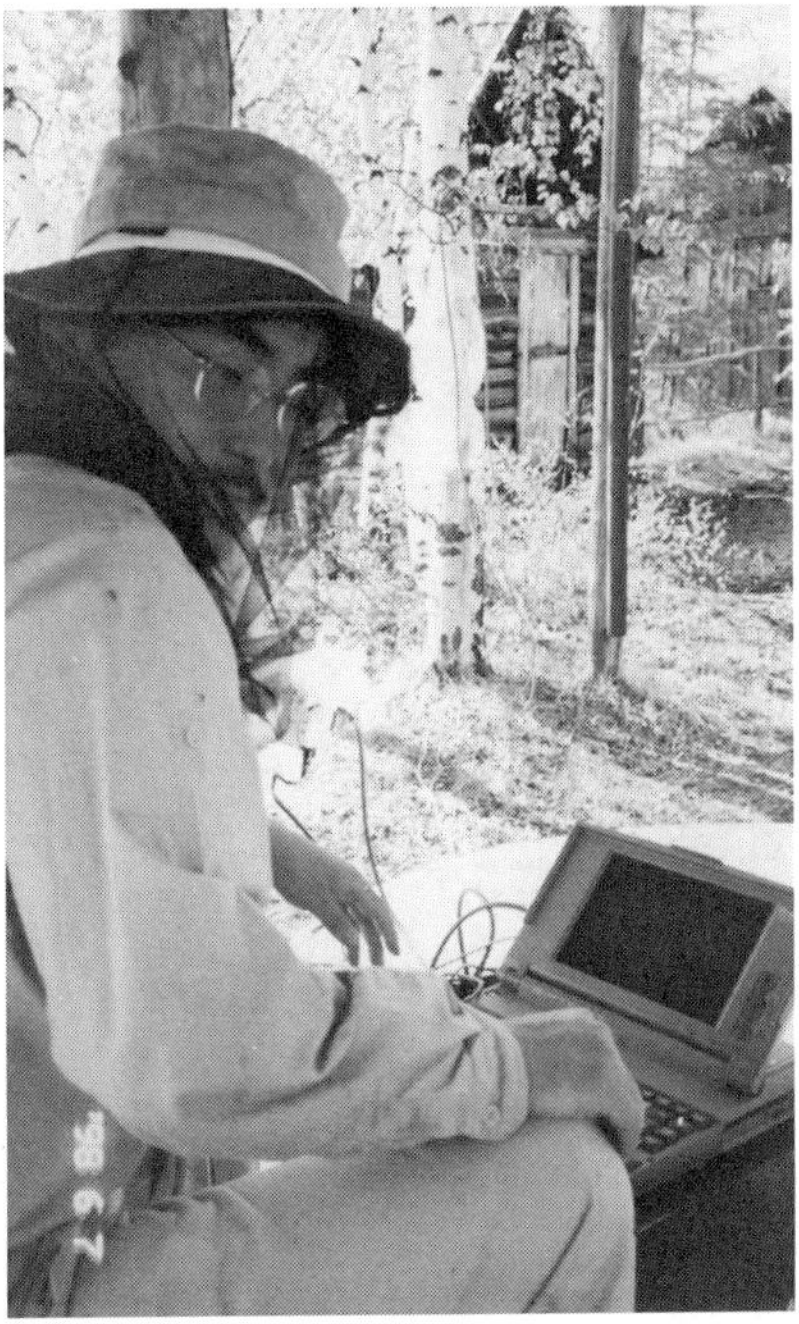

図3-2：ネットをかぶっての測定(竹内氏提供)

一方、スマトラの蚊はシベリアのように一時に大量に出現することはなく、腰に蚊取り線香をぶら下げていれば、なんとか食われずにすんだ。彼らの活動に昼も夜もないのは日本の夏の蚊と同じだ。違うのはクリスマスも正月もお構いなしに忍び寄ってくることだ。現地で買った蚊取り線香はたいへん効力があり、ベッドの下で燃やしていて、まったく蚊に食われることはなかった。あとでＤＤＴが入った蚊取り線香だと教わったときには、ぞっとしたが。

シベリアの蚊の大群については、尾籠《びろう》な話がある。蚊に襲われて一番困ったのは、トイレの中だった。草原の中に作られた小さなトイレは隙間だらけなので、襲ってくる蚊の数は外と変わらない。まず戸を開けて、思いっきり殺虫剤を噴霧し、効果が消えないうちに用を済ませなければならない。六月の初めごろはまだ気温が低いので、トイレの中は涼しく、蚊もゆっくりと飛んでいるので、殺虫剤の事前噴霧で事足りた。しかし、六月下旬になると気温が上がり、蚊はすこぶる元気になるので、噴霧を続けながらでないと中にいられない。人体には無害の殺虫剤でありますようにと願いながら、用を足す毎日が続いた。七月になるとそれでも効果がなくなるほど、蚊の大群は勢いを増してきたが、そのとき思いもよらない援軍がやって来た。大きなハエが羽化してきて、小さな小屋の中を目にも留まらぬ速さで、音だけをぶんぶんと響かせながら飛び回ってくれるようになった。蚊の大群もこれには敵《かな》わじと退散してくれるので、時々ぶつかってくるハエを同志にひとときを過ごすことができるようになった。

2　炭素循環

大量の炭素を蓄積している熱帯林の炭素循環について見る前に、地球全体での炭素循環を概観しよう。

地球上で炭素が貯留されているリザーバーは大気、陸域、海洋、そして堆積物の四つである。IPCCの第五次評価報告書によると、大気中には八二九ギガトンの炭素があって、そのうち人為起源のものが二四〇ギガトンある。陸域には二五〇〇ギガトンあって、すでに三〇ギガトンが人間活動によって減少してしまっている。海洋には海底も含めて約四万ギガトンある。化石燃料は約一八〇〇ギガトンあったが、すでに四〇〇ギガトン近くが利用されてしまっている。それらのリザーバーのあいだを炭素が循環することで、それぞれの貯留量が変化する。気候変動に関係する大気中の二酸化炭素濃度は、大気とこの三つのリザーバーとの収支によって決まる。

大気と陸域とのあいだは植物の光合成と呼吸による出入りが主なもので、植物の生産量と陸域の吸収量を加えて一二三・〇ギガトンの炭素が一年間に陸

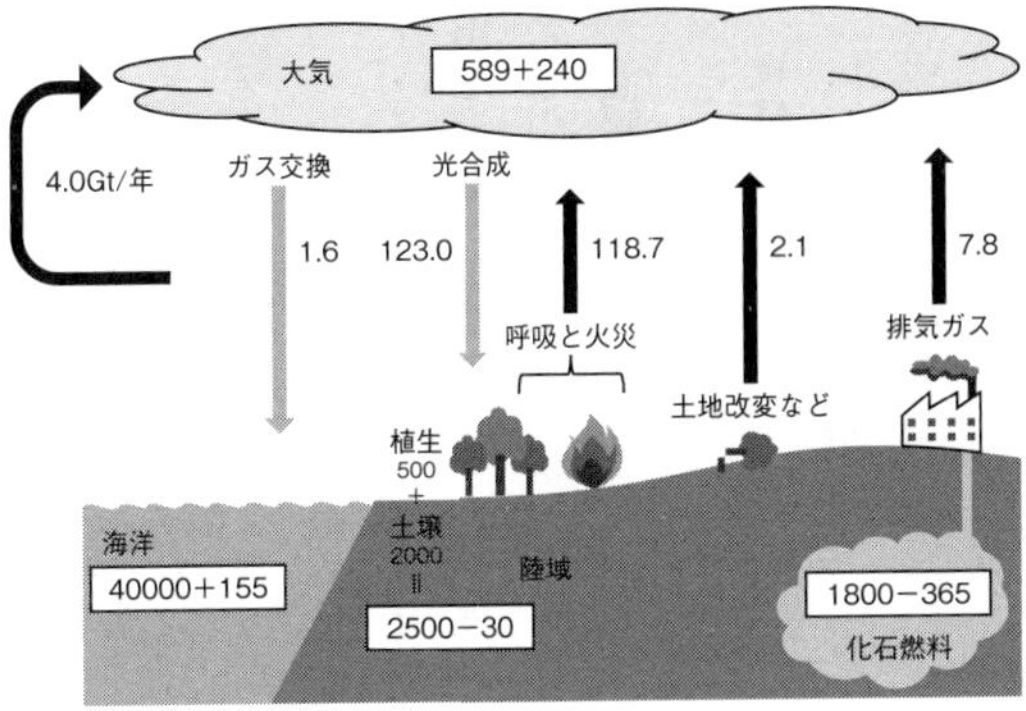

図3-3：炭素の循環
炭素量＝蓄積量（Gt）± これまでの変化量（Gt）
矢印：1年間のフロー（Gt/年）

域に取り込まれる。植物の呼吸と火事などによる放出で一一八・七ギガトンが大気に戻るので、差し引きすると大気から陸域へ一年間に四・三ギガトンが取り込まれる。

大気と海洋のあいだはそれぞれの二酸化炭素濃度の差（分圧《ぶんあつ》差）で交換が起こり、ここでも大気から海洋へ毎年一・六ギガトンが溶け込んでいる。つまり、陸と海とで毎年五・九ギガトンもの炭素を大気から取り込んでいる。しかし、化石燃料の利用による大気への排出量が毎年七・八ギガトンあり、さらに森林の破壊などによる土地の改変や陸水面からの二酸化炭素の排出などが一年間で二・一ギガトンあるので、陸域から九・九ギガトンの炭素が大気に戻される。差し引きすると、大気では毎年四・〇ギガトンずつ炭素が増えている。これが温室効果を生んで温暖化を引き起こす原因と考えられている。

森林の役割

以上のような炭素循環の中で、陸域全体の平均的な炭素の動きをまとめると、森林はまず光合成で炭素を吸収し（総一次生産量）、生きていくための呼吸で炭素を放出する。成長する過程で、葉に取り込まれた炭素は枝、幹、根に分配される（純一次生産量）が、樹体から離脱する落葉落枝の炭素は土壌に供給される。落葉落枝の一部は呼吸で分解されて大気へ戻る。こうした植物の働きにより毎年陸域には、前述したように、四・三ギガトンの炭素が取り込まれるが、一方、森林の破壊などによる土地の劣化や河川への流出で二・八ギガトン減るので、差し引きすると、今のところは毎年一・五ギガトンほど陸域の炭素量は増加していることになる。

その植物体での炭素蓄積量は六六二ギガトンと見積もられているが、森林火災で毎年二ギガトンあまりの炭素が排出されている。さらに、森林伐採によって木材が林外に持ち出されて利用されることで、年間およそ一・五ギガトンの炭素が排出されていて、この大部分は熱帯林の伐採によるものと見積もられている。一方、森林の再生による吸収量は〇・五ギガトンしかないので、森林の破壊が陸域の植物の働きをおじゃんにしかねない。また、序章で述べたように、インドネシアの熱帯泥炭地の火災は大量の二酸化炭素を排出することになるし、第一章で見たように、一七〇〇ギガトンと推定されているタイガの地下の永久凍土の中の炭素は、温暖化でタイガが劣化すれば急速に分解が進んで、大気に排出される。気候変動によって、陸域のほとんどの場所は二酸化炭素の大きな排出源になる可能性が高い。

熱帯林の炭素循環

それでは、熱帯林ではどれほどの二酸化炭素の固定が行われているのかを見てみよう。熱帯林で一年間に生産される有機物量、すなわち光合成によって吸収される炭素量は一ヘクタールあたり三〇〜四〇トンと推計されている。この値は温帯林の二倍以上である。熱帯林の総一次生産量は陸域生態系の生産量の三四パーセントを占めている。光強度から算出する最大の炭素吸収速度は温帯も熱帯もほぼ同じなのに、熱帯のほうが吸収量が多いのは、成長がほぼ一年中続くからである。

吸収量から呼吸量を除いた一年間に蓄積される炭素量は、南米熱帯林で一ヘクタールあたり一〇・六トンと、温帯林の七・六トンよりやや多い程度である。これは、高温のために呼吸量が多くなるためである。

熱帯林の地上部の炭素蓄積量は一ヘクタールあたり約三五〇トンで、熱帯以外の平均的な森林の一〇〇〜三〇〇トンよりも多い。樹高も高く、複雑な構造をしているためと思われるが、魚梁瀬《やなせ》(高知県)のスギ林は一ヘクタールあたり約四五〇トンあり、アメリカの巨大なダグラスファーの天然林では一〇〇〇トン以上という報告もあるので、ここでも熱帯林が必ずしも地球上で一番現存量が多いとは言い切れない。

熱帯林は一年中成長するために二酸化炭素の吸収量は多いが、呼吸消費も多いため、正味の炭素収支は驚くほどには多くはなく、温帯林よりやや多い程度である。さらに、地上部の現存量は温帯林を圧倒すると言うほどのものではない。それでも、広大な熱帯林と大気とのあいだでの、大量の二酸化炭素と酸素のやりとりは、熱帯林の気候調節機能の大きさを物語っている。熱帯林は大気の二酸化炭素濃度の上昇に対して高い応答能力を示し、排出量抑制に大きな効果を発揮することが期待されている。

干ばつの炭素収支への影響

気候変動のなかでも、エルニーニョによる干ばつは熱帯林の炭素収支に大きな影響を与える。一九九七年から一九九八年にかけて起こったエルニーニョによる干ばつで、東南アジアの熱帯林では炭素の排出量が一気に増えた。そして、二〇〇〇年代になってエルニーニョが発生しなかったときには、逆に炭素の吸収量が増えた。干ばつ時には山火事も増えたが、火災の増加で炭素の排出量が多くなったのではない。アマゾンでは、干ばつ時の火災の影響を除いた炭素排出量を推計している。干ばつの年には一年間で〇・四八ギガトンの炭素が放出され、干ばつが起こらなかった湿潤な年は〇・〇六ギガトンしか放出がなかった。その結果から火災による炭素排出量を除くと、干ばつの年は炭素の吸収と放出が釣り合い、湿潤な年には〇・二五ギガトンの炭素が吸収されたということになる。干ばつによって炭素の放出が増えるのは、乾季に光合成活性が低下することと、雨季でも乾燥するため微生物の呼吸量が増加することが原因と考えられている。

また、気候変動による降水量の増減で日照時間が変化すると、森林の生産量も変わってくる。つまり、炭素の吸収量は年々の気象条件によって変動するし、気候変動はエルニーニョ発生などを通して干ばつの頻度も強度も増加させ、炭素の排出量を増加させるので、さらに気候変動が進んでしまう。

3　熱帯林が失われていく

主に温帯の先進国がこれまで大量の木材を利用してきたために、現在は温帯林を中心に森林資源の不足に見舞われている。一方、熱帯林は最近まで焼畑などによって細々としか利用されてこなかったので、広大な森林が残されていた。その森林では近年になって、農地開発や大規模なプランテーションによって破壊が進んでいる。どれほどの熱帯林が、どのようにして破壊され、失われているのかを見てみよう。

熱帯林の減少

二〇〇〇年〜二〇〇五年のあいだに伐採された森林面積の約半分がブラジルの熱帯林で、残りの四分の一がインドネシアの熱帯林であるように、世界の木材需要の多くが熱帯林の伐採で賄われている。その結果、熱帯域七六ヶ国の森林面積は一九九〇年には一八六〇万平方キロメートルであったが、二〇一五年には一八〇〇万平方キロメートルまで減少した。減少速度は徐々に改善されているが、なお毎年五万平方キロメートル前後の熱帯林が失われている。

森林破壊の原因

図3-4：アブラヤシのプランテーション（中島敦司氏提供）

東南アジアでは、木材生産のための違法伐採を含む無秩序な商業伐採で多くの森林が消えている。熱帯林は構成樹種の数は多いが、全部の樹木が木材や薪炭材に利用できるわけではない。そのため必要な種類の樹木を抜き伐りするのが一般的である。それだけで森林が消滅することは滅多にないが、伐採がはじまれば徐々に森の奥深くにまで作業は広がっていき、木材を搬出するための道路も長くなっていく。そして道路に沿って長い林縁が生まれる。そこから風が林内に吹き込んで、伐り残されていた森林が急速に乾燥するのは、前述の山火事の項で述べた通りである。火事は起こらなくても、林内環境は大きく変化し、樹木の生育環境は悪化する。さらに、この道が伐採とは関係のないたくさんの人たちを森林の中へ導き、森林が焼畑や放牧のために無

図3-5：伐開された熱帯林の林縁

秩序に利用されるようになると、それまで一続きであった森林が分断されて破壊されていくというのがお決まりのコースである。これは熱帯林に限らずどこでも同じである。特に、ストレス耐性の低い山岳地の森林では、後述するように、その影響は大きく現れる。

道路がついただけでも破壊のリスクは高まるが、ブラジルのアマゾンの熱帯雨林では、農地や牧場の造成や鉱業開発などのために大面積の森林が伐採されているし、東南アジアではアブラヤシのプランテーションで天然林が大規模に人工林に変えられてしまっている。目的がなんであれ、崩壊した森林の周りに残っている森林でも林内環境が悪化し、連鎖的に劣化域が拡大している場合も多い。失われる熱帯林は前記のように消失面積として計上されるが、直接破壊されなくても、それを大きく上回る面積の熱帯林がこうして劣化している。

しかし、森林の劣化を定量的に把握するのは難しい。まず、熱帯林と一口に言っても、樹冠率一〇〇パーセントの熱帯雨林から一〇パーセントのサバンナまで、さまざまな構造と生態的特性の森林が含まれている。ほとんど人の手の入っていない原生的な密林と地域住民が日常的に利用することで長期間高い利用圧を受けてきている疎林とでは、劣化の現れ方もその深刻さにも違いがある。たとえば、樹冠率一〇〇パーセントの密林は、六〇〜七〇パーセントまで林冠が疎開《そかい》して林床まで光が届くようになると、林内環境が大きく変化してしまい、あとは一気《いっき》呵成《かせい》に裸地化してしまいかねない。一方、もともと樹冠率が四〇パーセントほどの疎らな林冠の森林は、二〇パーセントぐらいまで破壊されても持ちこたえる耐性があって、裸地化するまでにはまだだいぶ時間があるだろう。利用されたときの劣化のしやすさもそこからの回復力も大きく違っている。残念ながら、森林の劣化の具合は、樹冠率の変化などで定量的に把握されることはほとんどなく、「従来のまま残っている」とか、「劣化が進んでいる」とか、あるいは「破壊され失われてしまった」など、せいぜい三段階程度で定性的にしか区分されない。しかも、元の森林についての情報が不十分なので、劣化の評価は主観的なものとならざるを得ない。それぞれの森林が直面している消滅の危機の大きさを正確に把握するのは容易なことではない。

焼畑は森林を破壊するのか？

ここで、熱帯林を破壊している元凶と言われている焼畑について見ておこう。焼畑は森林の生産力を利用して農業生産を行うアグロフォレストリーの一種である。アグロフォレストリーが中世ヨーロッパではじまった当初は、農業生産を高めるために林産物生産を付随させたシステムであった。しかし、林業と組み合わせた農業、畜産は、食料と林産物を同時に生産するだけでなく、地域の生態系を保全できる持続性の高い生産システムである。

農業と林業の組み合わせは、作物と林産物を同じ場所で同時に生産する間作《かんさく》（木場作《こばさく》とも言う）と、時間的に分離する焼畑に分けられる。間作は、植林してからしばらくのあいだは作物を木々のあいだで育てて、農業生産をしながら森林を育成する。樹木が大きくなって林床の作物に十分に日があたらなくなるまで、樹木は強い日射しや強風から農地を守ると同時に、成長することで炭素を蓄積しながら木材を生産する。

焼畑は森林を切り拓いて、伐った樹木を焼き払ったあと、その跡地で数年間作物栽培をして、地力が衰えたら放棄して、次の森林に移動していく耕作方法である。英語では shifting cultivation という。直訳すると「移動耕作」となる。火入れを毎年しているわけではないので、こちらのほうが実態をよく反映している。再び同じ林分を伐採・火入れするまでの休耕期間は、森林と土壌が炭素蓄積を回復し、火入れと作物栽培の影響をオフセットするための期間であり、土壌の肥沃度が復元できるだけの十分な長さが必要である。この休耕期間さえ十分にとれれば、熱帯林が焼畑で破壊されることはなかった。焼畑が持続的であるためには、林分の回復についての正確な判断が求められる。しかし、現在ほとんどの焼畑耕作では、食料増産の要求に屈して林分の回復についての判断基準が甘くなっており、休耕期間が短くなってしまうため、林分が十分に回復する前に焼畑を繰り返し、土地の生産力が徐々に減退してきている。かくして焼畑は森林を破壊する元凶として槍玉に挙げられる。しかし、本来なら、複雑な天然林で炭素蓄積能を積極的・持続的に利用する最も合理的な農業生産システムであるはずなのだ。

山に火をつける火入れは、慎重の上にも慎重に行わなければ、これまで見てきたような大規模な森林火災が簡単に引き起こされてしまう。火入れは斜面の上からはじめ、炎は小さく保ち、火が周囲に広がらないようにする。最後に焼いている現場の真ん中に火が集まるように心がけるのがコツである。しかも、まんべんなく焼かなければならない。

火入れのあとの農地が十分な生産力を発揮するためには、焼いたあとに十分な量の枝葉や灰、燃えかすが残り、それらを土にすき込んだときに土壌の肥沃度が元通りに回復していなければならない。そのためには、火入れをする前の森林に植物が繁茂している必要がある。十分な休耕期間のあとに実施される火入れとその後の耕起は、どちらも雨が降り出す前に終わらなければならない作業であり、タイミングが大事である。乾季の終わりに近づいて、そろそろ雨が降りはじめると思われるころに火をつけるのだが、予想通りに雨季がやってこないと、作付けをする前に燃やした灰がみんな風で飛んでいってしまう。予想より早く雨が降りはじめると、燃やすはずだった草木が湿ってしまって火がつきにくくなり、うまく焼けなくなる。焼畑耕作にとって観天望気は作柄を左右する重要な作業であり、地域ごとに高度な伝統的技術が発達している。

アグロフォレストリーを続けるのにどれほどの広さの土地が必要なのかを、間作に焼畑の移動耕作の要素を組み合わせたスーダンのアラビアガムの生産で見てみよう。アラビアガムノキの幹に傷を付けて滲出《しんしゅつ》してくる樹脂を集めて加工したアラビアガムは、アイスクリームなどの食品添加物や水彩絵具に使われている。植栽して四~五年経つと樹脂を採取できるようになるが、一五年を過ぎると生産量が落ちるので、燃材として伐採してしまう。その跡地に再植林し、アラビアガムが採取できるようになるまでの約四年間はキビ、ゴマ、ピーナッツなどを栽培する。そのため一六区画あれば、毎年どこかの一区画が伐採され、四区画で作物の栽培が続けられるので、一区画一ヘクタールとすると、一家族に一六ヘクタールの土地があれば持続的な農業がやっていける。

間作は一ヶ所で複数の植物を育てることで相互に影響を与えあうので、立地環境が多様になり、生態系が複雑になる。その結果、農業や林業単独よりも気候変動への耐性が高くなり、持続性のある生産システムで、多くの生態系サービスを提供できる。その点では焼畑も同じで、焼畑を繰り返す地域全体には生育段階の違う林分がいくつも併存するので、地域の環境は多様になる。焼畑は熱帯林を持続的に利用できる唯一の生産システムであり、焼畑は森林を破壊するものではない。しかし、焼畑のときの火入れが、これまで見てきたように、大規模な森林火災を引き起こす原因となっていることも事実である。休耕期間の短縮などによって焼畑の本来

図3-6：アンズとウリのアグロフォレストリー

の合理的な実施方法が歪められたことと、温暖化による森林の乾燥があいまって、焼畑が森林を破壊する原因になっているのは残念である。森林の持続的な利用を促進するには、焼畑を禁止するのではなく、森林の再生の程度を適切に評価し、十分な休耕期間を設定し、継続的に森林を利用し続けられる安全な焼畑を復活させるための技術開発が求められている。

焼畑に火事の危険や土地の劣化の課題があるように、間作にも技術的な課題がある。間作は同じ土地で樹木と作物、さらに畜産を組み合わせると飼料も生産するので、光や水を巡る植物のあいだの競争は熾烈になる。利用できる光や水の量は変わらないので、それぞれを単作した場合よりも収量は少なくなるし、農作業も複雑になる。樹木が成長してくると、本数の調整をしなければ樹木が農地を占有してしまって、作物を追い出してしま

図3-7：火入れ直後の焼畑

うことにもなるので、農地で樹木を育てることへの農民の抵抗感は大きい。ケニアでは農地へ樹木を導入するために、農業改良普及員は農民に対して、樹木が作物生産を助ける役割をことさらに強調して説明していた。

焼畑は熱帯林だけでなく、乾燥地林でも行われている。しかも、同じ森林で炭の生産や木材利用が進むので、休耕期間がいっそう短くなり、森林は急速に劣化し裸地化が進んでいく。たとえば、マダガスカルのバオバブが混生する灌木林の中には、黒く焼けた枝や白く燃えてしまった灰が地表を覆っている空き地があった。焼いたばかりのできたての焼畑である。まだあちこちに茶色い地面が顔を出していて、十分な地力が回復したようには見えず、作付けをしても多くの生産は望めそうもなかった。近くの焼畑農民の集落では顔に白や黄色の粉をまだらに塗った女性たちが車座に集まって、焼畑で採れたばかりのキャッサバ芋の皮をむいて真っ白な大根のようにして売りに行く準備をしていた。周りの森林がなくなってしまえば、彼らは村ごと移動してしまうのだろうか。

気候変動の森林に対するインパクトとは別に、グローバルな環境問題へ対応するためにクリーンエネルギーを求めて木材需要が高まり続ける限り、熱帯に限らず、世界中で森林の消失になかなか歯止めはかからないだろう。現在、先進国を中心に熱帯林を残せという要求は強いが、現実問題として本当に森林を今のまま残せる国がどれほどあるだろうか。

先進国のそうした自然保護を要求する圧力を、途上国は不当な内政介入であるとして反発している。これは、森林資源についての「南北問題」である。先進国の需要を満たすように森林は利用するが、同時に、その資源は地球環境にとって重要であるから保全的に扱わなければならないと地元での森林利用を制限するのは、あまりにも身勝手なダブルスタンダードであり、途上国から反発されても返す言葉はあるまい。また、たとえ途上国の中で経済が発展して、自国の森林への利用圧力を軽減できた国が増えたとしても、それは木材のグローバルな獲得競争への参加者が一人増えたに過ぎないとも言える。

コラム9　雨が降りはじめれば宿舎に戻ってバナナを食べる

樹体内の樹液の動きがよく分かってきたのは最近のことである。生まれて初めて憧れの熱帯林の調査をした一九八四年には、やっと樹液流速度を連続して野外で測定できるようになったばかりだった。その年の暮れから翌年の初めにかけて、インドネシア、スマトラ島パダンの樹高六〇メートルの熱帯雨林で樹木の樹液流動を測定した。樹液流速度は樹幹の表面から内側に入るほど速くなり、日本の木では一センチメートルほどのところでピークとなるが、樹幹径が一～二メートルもある巨木の幹の中を樹液がどんなふうに流れているのか皆目見当の付かないまま熱帯林での測定をはじめた。いろいろな深さで測定してみると、結果は同じだった。どんなに太い幹でも、樹液が流れているのはごく表面の部分に限られていた。分かってみれば当たり前だが、それがデータで明らかになるまではわくわくどきどきの毎日だった。

毎朝夜明け前に起き出して、たくさんのケーブルや機材を何人もの手伝いの男たちと一緒に調査地まで運んでいって、蒸散がはじまる前に測定準備をしなければならなかった。誰もいない密林の中なので、機材はセットしておけばいいようなものだが、彼らの一人が、このケーブルは洗濯物を干す紐にうってつけだから、見つかると持って行かれると警告してくれたので、毎日重い荷物を運んでいって、持って帰る羽目になった。

インドネシア語もままならないうちから、彼らが現地のミナンカバウ語で読み上げるメーターの数字を野帳に書き取っていた。そんなミナンカバウ語も、もうすっかり忘れてしまった。湿気の高い日に木によりかかってノートをとっていると、顔にはヒルが食いつくし、足下では毒蛇がとぐろを巻いていたこともあった。午後になると決まってスコールがやってくるので、測定はたいてい半日で終わってしまった。遥か頭の上からぱらぱらと雨の降る音がしはじめると、慌てて機材の撤収をはじめる。三〇分ほどかけて帰る準備ができたころに樹冠を抜けてきた大量の雨が地面まで落ちてくる。そうなれば朝登ってきた細い踏み跡道が、濁流の流れる渓谷に様変わりしてしまう。熱帯の雨はすさまじいものだ。この雨の中で、いろいろな太さと高さの木が集まって複雑な熱帯林ができている。

図3-8：熱帯林での樹液流速度の測定

濡れ鼠で宿舎まで戻ってくると、家主の奥さんが毎日味も形も違うバナナを出してくれて、午後は雨音を聞きながらのんびりとデータの整理をしていた。ある日湯気が上がる茹でたての太いバナナが出てきた。味はサツマイモそのものの珍しいバナナに癒やされ、夕食の皿の上のインスタントラーメンの香りに文明を思い出していた。フィールドワークの記憶は、ふとしたときに口の中によみがえる食べ物の味と連動している。

4　樹木が環境に適応するための特性

乾燥に限らず、植物が環境ストレスに耐える戦略は二つに分けられる。一つはストレスと闘い生き残る戦略であり、もう一つはストレスを避ける戦略である。

草が秋になると地上部が枯れてしまい、冬の寒さを種子や地下茎で耐えるのは、厳しい環境に遭遇しないようにする戦略である。乾燥ストレスの場合は、短い雨季のあいだだけ成長し、乾季になる前に生活環《せいかつかん》を完了してしまい、次の雨がやってくるまで種子や地下部だけになってストレスを回避する。発芽から結実まで、早ければ数ヶ月で完了する「短命植物」と呼ばれる植物が乾燥地には多い。

しかし、樹木は発芽した場所から動くことなく、何年も生き続けなければならないので、草のようなストレスの避け方はできない。たとえストレスを回避するために乾季や冬季に落葉してしまったとしても、樹木は巨大な木部と梢の上に残された葉や花の芽を環境ストレスのもとで維持していかなければならない。冬芽は草の種子と同じように休眠することで、不用意な成長開始を避けることはできるが、幹や枝を維持するには、高温での呼吸消費や低温での凍結などに対応できる戦略が必要である。さらに、生育が制限される極端なストレスの下での戦略のほかに、生育期間中の乾燥や強い光などの一時的なストレスに対しても生理機能を維持する対策が求められる。

樹液の流動するメカニズム

乾燥ストレスを受けても水不足にならないで光合成を続けていくには、葉から水が失われないようにするか、失った水を速やかに補給するための対策がいる。いずれも樹体内での水の動きと関わることである。

植物はたっぷりと水を含んだ葉を日にかざして光合成をする。降り注ぐ日光も葉を揺らす風も葉から水分を容赦なく奪うので、植物は生きるために間断なく葉に水を供給し続けなければならない。土壌から大気までのあいだ、植物の中を通ってずっと水の柱がつながっているので、その状態を「土壌―植物―大気連続体」という。それは電気回路と似ているが、葉や幹の中を水が流れるときの抵抗だけがつながった単純な回路ではない。樹体各部の貯水部分はいわばコンデンサーであり、道管の中の水柱が途切れる現象や、落葉や細根の枯死は通水を一時停止させるので、ブレーカーの働きをする。気孔の開閉は、樹液流速度を無段階で変化させる可変抵抗（バリアブルレジスタ）であると同時に、樹液の流動のはじまりと終わりを決めるスイッチである。つまり、抵抗のほかにコンデンサーやブレーカーが組み合わさった複雑な経路である。この水の柱は、土壌と大気とのあいだの水ポテンシャル勾配を駆動力として植物の中を流れる。やや専門的だが、そのメカニズムを簡単に説明しておこう。土壌や植物の中の水ポテンシャルというのは、水の単位体積あたりのポテンシャルエネルギーで、圧力の単位で表わされる。構成要素は浸透ポテンシャル（細胞溶液の浸透圧）、圧ポテンシャル（細胞壁の力学的圧力）、マトリックポテンシャル（土壌粒子と水のあいだの分子間力）、重力ポテンシャルなどで、それらの合計が水ポテンシャルである。水は土壌や植物体中を水ポテンシャルの高いほうから低いほうへ移動するので、たとえば根の表皮細胞の水ポテンシャルが土壌の水ポテンシャルより低いと吸水が起こり、根の細胞より葉の細胞の水ポテンシャルのほうが低いと、根から葉へ水が輸送される。

全体としては、大気のたいへん低いポテンシャルに引っ張られて、水柱は土壌から葉まで複雑な回路の中を引き上げられていく。そのとき、当然水柱には強い張力が働くのだが、水分子は二〇〇気圧以上という強い凝集力《ぎょうしゅうりょく》で結びついているので、簡単には途切れない。それでも、土壌が乾いて土壌の水ポテンシャルが下がることで張力が限界を超えると、道管の中に気泡ができて、水柱が途切れてしまう。そうなると葉がどんなに強く水を吸い上げても、気泡が大きくなるだけで、水の柱は引き上げられなくなる。水柱が途切れてしまった道管は、通水機能を失う。

一日の終わりに蒸散が止まって道管の中の負圧が解消されると、気泡が小さくなって上と下の水柱がつながって、通水機能が回復することがある。また、秋の終わりに広がってしまった空隙《くうげき》も、翌年暖かくなって消滅すると、成長がはじまるころには通水機能が回復することがある。そのため、一本の道管が通水に機能する期間は二、三日のものから一〇〇日以上のものまでさまざまである。

さて、吸水のメカニズムとそれに伴うリスクを理解したところで、樹木のいくつかの環境適応のための特性を見てみよう。まず、葉から水を失わないようにする方法である。

葉の形態と落葉

植物は葉表面から水を失わないように厚いクチクラ層を持っている。それでも足りない場合は、厚くて丸い葉になることで葉の体積に対する表面積の割合を小さくして、水を失う影響を少なくしている。どんな立地環境であっても、一本の木の樹冠の中では日当たりのいい部分と自分の葉や枝の影になって日当たりの悪い部分とがある。光は光合成に必要だが、強い光が当たれば葉温が上がって水が失われやすくなるので、日の当たるところの葉は日陰のものよりも厚くて小さい葉になりやすい。しかも、日向に生育している樹木の中には、葉が直射光をまともに受けないような角度に傾いているものもある。これは葉温の調節だけではなく、光エネルギーが過剰にならないようにするための反応でもある。一方、林内の暗いところでは同じ種類の樹木でも葉は薄くて広くなって、しかも水平に拡がって、葉面一杯に光を受けようとしている。微環境へのこのような形態的・生態的な適応は、樹木の中で葉ごとに行われている。日向で光を避けながら光合成を行う「陽葉《ようよう》」に対して、日陰で光を求めて広がる葉は「陰葉《いんよう》」と呼ぶ。それぞれの着生《ちゃくせい》位置に応じて、光や温度に対する特性の違う陰葉と陽葉を使い分けるのは、光と水を有効に利用するために欠かせない適応である。両者の形態的な違いの程度は種によってさまざまであるが、程度の差はあってもたいていの樹木は陽葉と陰葉を持っている。たとえば、ブナやスダジイのように陰葉と陽葉で大きさが明らかに違うものもあれば、サクラの陰葉と陽葉は色が少し違うだけで、どの葉も同じように見える。

熱帯雨林は一年中高温多湿のために常緑樹が優占する。そんな環境でも降水量が少なくなる季節があり、短期間ではあっても水が不足すれば葉はしおれる。もともと水分条件のよいところに生育しているため、葉は水分欠乏に対して蒸散を調節する能力が総じて低いので、こうしたわずかな水不足が引き金になって落葉する。しかし、すぐに次の新しい葉が展開しはじめるし、落葉のタイミングは、同種でも生育しているところの土壌の水分状態によってまちまちで、すべての個体が一斉に落葉することはない。しかし、数ヶ月乾季が続く熱帯季節林では落葉樹が優占する。

常緑か落葉かの違いは、生育期間のうちにすべての葉を落としてしまう時期があるかどうかによって決まる。常に一部の葉がどこかに残っていれば常緑樹であるが、常緑であるから落葉しないわけではない。アカマツは常緑樹だが、七月ごろには大量の落ち葉が林床に降り積もる。熱帯は常に気温が高いので、落葉が起こる原因は降水量が減ることによる乾燥ストレスが中心になる。これは先に見た通りである。乾燥ストレスを避けるために葉を落とした樹木は、雨が戻ってくれば早速展葉して成長を開始する。つまり、熱帯では落葉や展葉は樹体内の水条件だけで制御されている。

一方、樹木が葉を落とすもう一つのストレスは低温である。冬は低温により光合成の代謝が低下して、呼吸による消費ばかりが大きくなる。さらに、光は夏より弱くなっていても、クロロフィル（葉緑素）が捕捉する光エネルギーは、低温の下でわずかに行われる光合成で使うエネルギーよりも遥かに多くなり、余ったエネルギーによって葉焼けが起こる。低温によるそのような光ストレスを避けるために葉は落葉し、冬芽の中で春を待つ。しかし、ここで一つ問題が起こる。気温の変化は気まぐれで、冬のあいだでも時折暖かい日が続くことがある。そんな気温変化に反応して成長を開始してしまうと、寒さが戻ってきたときに、ひどい被害を受けることになる。その危険を避けるために、芽は休眠して、真冬の低温を経験するまでは開花も展葉もはじまらないようになっている。同じ落葉でも原因となるストレスが乾燥か低温かによって植物の側が準備している戦略には大きな違いがある。第四章で後述するように、温暖化が進むと日本のサクラの開花が影響を受けるようになるのは、この冬芽の休眠が関係している。

貯水

樹木が水の損失を抑えるのは、我々が家計の支出を減らすのと同じだが、貯金をするように水を樹体内に貯めておけば、水が不足してもその蓄えでしばらくはやりくりできる。サボテンに限らず、どんな樹木も樹体のあちこちに水を貯めておける。

葉で蒸散がはじまって水ポテンシャルが低下すると共に、道管の水は葉に向かって流れはじめるが、道管に張力がかかると、道管は歪んでひしゃげると共に、木部の細胞壁の中にある水の一部が道管に吸い出されてきて、葉に向かって吸い上げられていく。これが太い枝や幹の木部の貯留水である。そのため土壌からすぐに水を得なくても蒸散がはじめられ、根での吸水のはじまりは蒸散よりも遅れる。貯留水が使われるので、目で見えるほどではないが、木の幹は日の出と共に少しずつ細くなっていく。樹木の幹は、高く明るいところへ葉を持ち上げて光を獲得するための機械的強度を確保する構造であると同時に、乾いた大気の中でも葉がしおれないようにするバックヤードでもある。

昼間に使ってしまった貯留水は夜になって蒸散が止まると補充されるし、ひしゃげた道管も元に戻るので、夜のあいだに徐々に樹幹の太さは元に戻る。そのあいだに細胞分裂で幹は成長するので、樹木の幹は日変動しながら太くなっている。しかし、土壌の水が不足していて、翌朝までに補充が終わらない場合には、日の出と共に再び蒸散がはじまっても給水が間に合わないので、葉では水が不足する。しばらく雨が降らず高温の日が続くと、日がよく当たり、水が一番届きにくい梢端《しょうたん》部の葉でこうした水不足が強くなる。梢の先の葉だけが枯れて落葉するのが「先枯れ」である。常緑樹でも落葉樹でも緊急避難的な反応として先枯れはよく起こる。雨が降りはじめれば残った葉で光合成をして、失った葉の再生をすぐにはじめられるので、短期間の水不足への適応として有効である。しかし、日本のような温暖、湿潤な土地に生育するスギやヒノキではそうした先枯れは滅多に見られない。彼らは急性の水ストレスに対して潔く枯れてしまうことが多い。しかし、後述するように、温暖化で慢性的な水ストレスを受けるようになると、先枯れをしながら林分が衰退していく。

樹幹の特性

幹にたくさん貯留水を持っていれば、乾燥ストレス下で有利であるとは限らない。一般的に材密度（体積当たりの重量）が低いほど貯留できる水量が多くなるので、材密度と貯留水量はトレードオフの関係にある。ブラジルの熱帯乾燥地に生育する樹種のうち、材密度が低い樹種は幹の乾燥重量の二〜三倍の水を貯蔵することができるので、雨季がはじまる前から展葉して成長をはじめられる。しかし、道管壁が薄いため、水が不足して水ポテンシャルが低下すると道管がつぶれてしまう。そこで、乾季になると早々に葉を落として水ポテンシャルの低下を回避する必要性がある。一方、材密度の高い樹種は貯留水が少ないため、雨季がはじまるまで展葉はできないが、道管壁が厚いので、強い水ストレスを受けても光合成活性を維持できる。木《もく》部《ぶ》の貯水量と展葉・落葉の時期は密接に関係している。また、木部の通水性は幹の強度と関係が深い。

道管のような細い管の中を水が流れる場合、流量は管の半径の四乗に比例する。つまり、少しでも太い道管を持つほど効率よく樹液を葉まで送ることができる。しかし、道管が太くなれば木部の断面積あたりの道管の数が減る。一本の道管に一ヶ所でも気泡が発生して水柱が途切れると道管は機能しなくなるので、道管の数が減ると幹全体での通水性が失われやすくなる。したがって、通水効率だけを求めてどこまでも道管を太くすることはできない。しかし、次に述べるマングローブのように、樹幹の機械的強度と通水性が絶妙に組み合わさって樹形が決まっている場合もある。

マングローブ

マングローブとは、東南アジアを中心に熱帯、亜熱帯の汽水域（海水に淡水が混じる海域）で、潮の満ち引きで干上がったり水没したりする海岸（潮間帯）に生育する常緑の低木から高木の樹木あるいはその群落である。一〇〇種近くあり、熱帯のもう一つの典型的な森林である。海岸防備や沿岸漁業に大きな役割を果たしているが、温暖化で海水面が上昇すると一番最初に影響を受ける植生である。湿潤熱帯では陸側から淡水が流入するので、汽水域は陸から海に向かって塩濃度が高くなる。マングローブ林はその濃度勾配に沿って優占種が交代し、個々の樹種

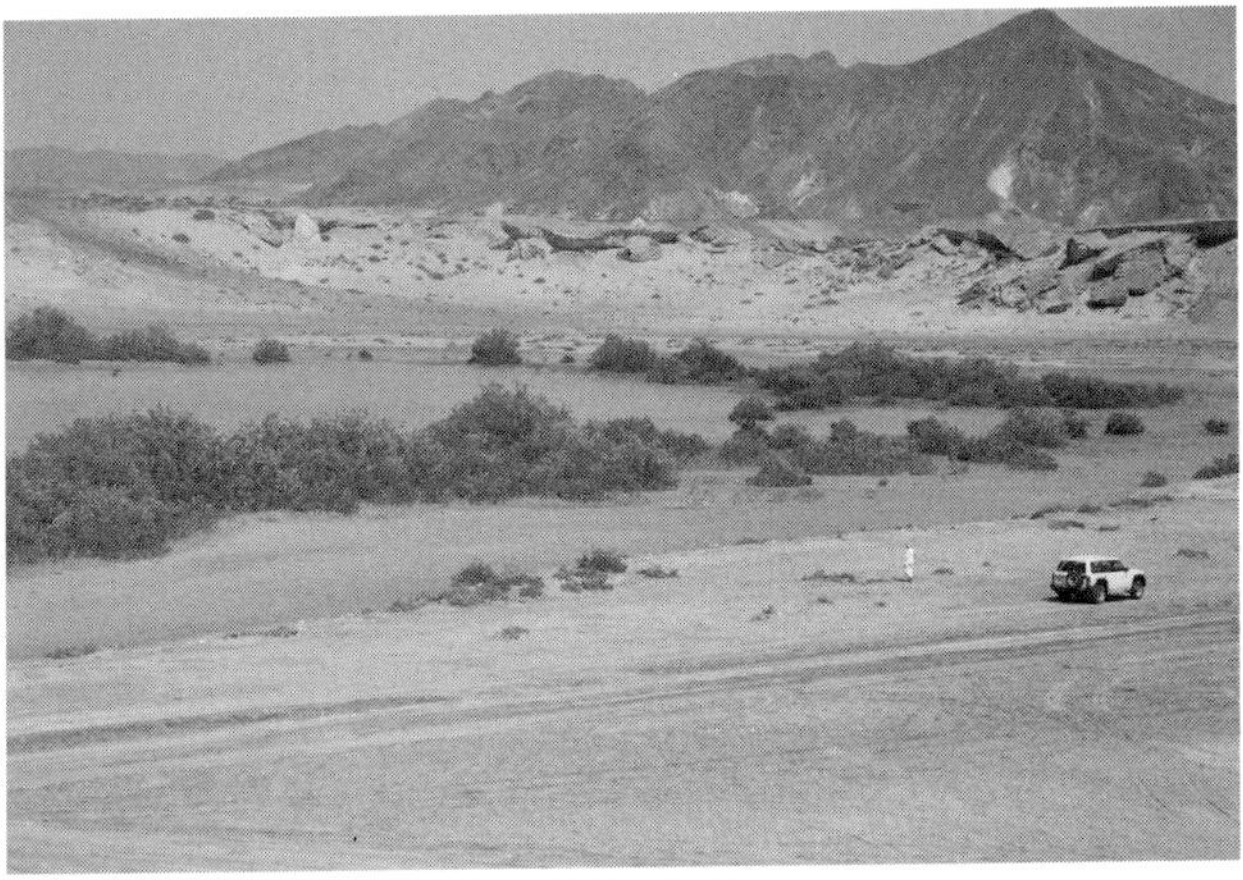

図3-9：アラビア半島のヒルギダマシ林

は海岸に沿って帯状の分布をする。

ヒルギダマシはマングローブの中では最も耐塩性が高く、湿潤熱帯では最も海側の塩濃度の高い部分に生育する。アフリカ大陸とアラビア半島のあいだの高温乾燥した紅海沿岸では、陸側からの淡水の流入がないので、海水だけで生きていけるヒルギダマシしか分布しないが、それでも沿岸に小面積の灌木の純林を形成するのがやっとだ。強い日射しを受ける紅海はもともと外洋のインド洋より塩分濃度は高いが、温暖化でいっそう塩分濃度が高くなり、ヒルギダマシの生育環境は厳しさを増している。

ヒルギダマシの純林の中でも、立地によって樹高が大きく違っている。海側では樹高が三～五メートルもあるのに、数百メートル内陸では一～二メートルしかない。矮性化の原因は乾燥による塩ストレスである。すなわち、潮が引くと地面が熱

図3-10：海に近く、林内を歩けるほどの樹高のヒルギダマシ林

せられて土壌の塩濃度が高くなる。日に晒される時間は内陸ほど長くなるので、東南アジアの湿潤地とは逆に、乾燥地では汀線《ていせん》から内陸へ行くほど塩濃度が高く、生理的に乾燥した状態になる。この違いがヒルギダマシ林の樹高の違いを生んでいる。

一般にマングローブも成長速度が増加すると材密度は減少して、幹は柔らかくて折れやすくなる。しかし、ヒルギダマシは一度に二層の形成層が活動する特異な肥大成長を行うため、辺材部は木部と師部（形成層の外側で光合成産物を転流させる部分）が交互に現れる構造（成長層）となる。汽水の塩濃度の変化に合わせて、一年間に数層の成長層を形成する。塩ストレスが少なくて肥大成長が盛んになるほど、木部の細胞壁が厚くなるので、材密度が高くなる。同時に、道管径も大きくな

図3-11：内陸で矮生しているヒルギダマシの灌木林

るので、気泡による通水阻害は起こりやすくなるが、その分通水性が高くなる。つまり、塩濃度が低いと、高い通水性と機械的強度の両方を手に入れるので、波などの物理的障害を受けやすい海側でも樹高を高くすることができる。

一方、内陸部で塩ストレスが強くなると、道管の細胞壁が薄くなり、師部の割合が相対的に増える。師部は材密度が低いので、幹の機械的強度は低下する。しかし、師部は気泡の発生で通水機能を失ってしまった道管に水を再充填する役割をするので、通水の安全性は向上する。機械的な強度が足らないので、波の強い海側では生育できないし、樹高の低い灌木とならざるを得ないが、波の少ない内陸なら高い塩分濃度に適応して生育できる。

ヒルギダマシの樹幹では、通水の安全性と

図3-12：マングローブ林で薪集めをする子供たち

機械的強度のあいだにトレードオフの関係があり、その発現は塩分濃度の違いという微環境によって制御され、波による物理的障害への適応の仕方を変えている。温暖化で塩分濃度が高くなり、同時に海水位が上がると、塩分濃度の上昇によって海側の個体で成長が低下して、樹幹の強度が落ちると共に、波の影響は内陸部の強度の低い個体を直撃することになる。汽水環境と微妙な関係で成立していた乾燥地のマングローブ林は、海水位の上昇で立地を失う以外に、生理生態的な適応に対して大きな攪乱を受けることが予想される。

温暖化による台風の大型化と風水害の激甚化は、洪水や土砂崩れなどで身近なものとなっている。海面上昇による海岸の浸食拡大は沿岸域の社会問題となるし、南方の島嶼《とうしょ》国では国土の存続に関わる深刻な問題である。海岸の侵食や高潮の被害から沿岸生態系を守るにはマングローブ林の再生・

維持は有効である。しかも、マングローブ林は用材や燃材として広く利用されてきている。また、マングローブが固定した炭素は落葉・落枝になって沿岸海域の栄養環境を改善し、魚付き林として漁業資源を充実させている。西インド洋でマングローブの再生支援のプロジェクトがたくさん進んでいるのは、各国政府が気候変動対策としてマングローブ林の重要性を認識しているためである。しかし、成功した修復例は限られている。むしろ、マングローブ林は沿岸開発の障害と思われ、多くの地域でマングローブ林が伐り払われており、その再生保全が急がれている。

本章では、気候変動が世界のいろいろな森林に与える影響を見てきた。温暖化や干ばつなどの気候変動そのものが森林を破壊しているところもあれば、それらへの対策でかえって森林が危機に瀕している場合もある。それぞれの森林生態系の特性をよく理解した上での慎重な対策と管理が必要になっている。次章以降は、我々に最も身近な日本の森林が直面している危機とその対策について見ていこう。

コラム10　巨大な津波を防いだマングローブ林

津波に対するマングローブ林の防災機能と炭素蓄積の効果を見る機会があった。二〇〇四年一二月にスマトラ島北西沖のインド洋で発生したマグニチュード九・一の大地震（スマトラ島沖地震）では、インド洋大津波と呼ばれる津波が発生した。津波はインドシナ半島西海岸とインドからスリランカ、さらにケニア、タンザニアにまで達して、ソマリアでも一〇〇人以上が亡くなった。タイではその津波の被害がマングローブ林によって防がれたとして、その後マングローブ林の保護と植林を精力的に進めている。

実際にどんな具合にマングローブ林が津波を防いだのかをタイ南部のアンダマン海（インド洋）に面するラノン県にあるカセサート大学ラノン沿岸資源研究所のマングローブ林で見ることができた。津波が来てから二年少し経ったマングローブ林は、かつての林縁から一〇〇メートル以上内陸まですべての木がなぎ倒されてしまっていたが、その向こうには以前のままの高さ一五メートルほどのマングローブ林が残っていた。六メートルの高さの津波をこのマングローブ林は文字通り身を挺して防いだので、その奥にある集落はまったく被害を受けないで済み、今も変わらず漁業を続けられている。残ったマングローブ林の近くにはおびただしい枯れ木が積み重なっていて、海岸から森林に近づくのに難儀した。今は根株しか残っていない海岸に近いところも、被災

図3-13：津波のあとのマングローブ林

直後は倒木で埋め尽くされていたそうで、その後住民が燃料にするためにすべてを持ち出したので、歩きやすくなっていた。その下に一メートル以上の厚さに積もっている砂の中にもまだたくさんの枯れ木が残っている。波が徐々に砂を運び去るにつれて現れてきて、その都度、住民は燃料として運び出している。このマングローブ林は津波を防いでくれて、しかもその後は良質な燃材を大量に供給してくれるかけがえのない防波堤である。

炎天下の高温、高湿でほとんど熱中症になりながら、津波が持ち込んだ砂の厚さや倒された木の大きさを測っていて、津波の衝撃にマングローブ林は存外強いものなのだなあと感心した。マングローブ林ができると砂や泥が溜まってきて護岸効果があると考えられているが、マングローブ林自身に泥土をつなぎ止める力はない。

沿岸の海流の流れが変わればあっけなく砂や泥は流れ去ってしまって、マングローブ林は消失する。むしろ泥土が溜まるようなところにしかマングローブは生育できない。しかし、津波のような急に押し寄せる波にはすこぶる高い防波効果を発揮していた。

海岸林の中に研究棟の土台だけが残っていた。津波がやってくる五ヶ月前に海の見える見晴らしのいいところに建てられたばかりのものだった。その見晴らしが災いし、津波の直撃を受けた。土台の跡と被災前の写真が記念に展示されていたが、東日本大震災の前だったので、不覚にも津波の恐ろしさを理解しておらず、なぜこんな立派な建物が流されてしまったのだろうかと不思議だった。被災のモニュメントは悲しみを呼び起こすので残したくないという心情はよく理解できるが、教訓を伝えるために資料を保存・展示することも大切である。

第四章　変貌する日本の森林
――持続的な利用をめざして

1　温暖化が日本の森林に与える影響

地球を俯瞰して日本列島を見てみると、大陸の東側を流れる暖流の中に南北に長く伸びた列島であることが分かる。北端は北緯四五度で、温帯が終わって亜寒帯がはじまる辺りまで達している。南端は二四度付近で、こちらも温帯を過ぎて、一部は亜熱帯に属する地域まで延びている。しかし、南西諸島の亜熱帯林や、北海道北部、山岳地の常緑針葉樹林を除くと、日本の森林はおおかたが温帯林である。日本の大半が属する温帯は中緯度にある気候帯で、温暖多雨で四季の変化に富む。特に、偏西風の卓越する地域では降水量が多く、冬の寒さも、夏の乾燥も厳しいものではないので、農作物がよく育ち、人々の住みやすい地域である。地震を除けば、ご先祖様はいいところにやって来てくれたものだ。

日本の森林帯

日本の温帯は緯度にして二〇度以上の幅があるので、同じ温帯と言っても北と南で気候条件が大きく異なり、森林の構造も違っている。特に冬の低温の影響で落葉するかどうかで常緑樹林と落葉樹林が南北（あるいは脊梁山脈の影響で海岸と内陸部）で棲み分けている。そこで、日本では、温帯を北部の「冷温帯」と南部の「暖温帯」に区分する。暖温帯には常緑広葉樹のシイ、カシ類が優占する照葉樹林が成立する。冷温帯にはブナ、ミズナラが優占する落葉広葉樹林が分布する。分布域を暖かさの指数で分けると、一八〇から八五までのところが暖温帯の照葉樹林で、八五から四五までは冷温帯の落葉広葉樹林である。それよりも寒いと、亜寒帯の常緑針葉樹林になる。

なお、暖かさの指数とは、植物が成長するには月平均気温にして五℃以上が必要であるとして、月平均気温が五℃以上の月だけを対象にして、その平均気温から五℃を引いた値を合計した有効積算温量の指数である。

では次に、日本の代表的な森林である落葉広葉樹林と照葉樹林についてみてみよう。

落葉広葉樹林

落葉広葉樹林の代表的な種であるブナは、北海道南部の黒松内から鹿児島県高隈山《たかくまやま》まで分布

図4-1：ブナ林

していて、標高の低い側の照葉樹林帯と高い側の針葉樹林帯のあいだの冷温帯にブナ帯が成立する。かつては日本列島の山地の中腹を広く覆っていたと考えられるが、原生のブナ林の多くは戦後の拡大造林で伐採されてしまったため、現在は二・三万平方キロメートルしか残っておらず、天然林のうちの一七パーセントを占めているに過ぎない。青森県から秋田県にまたがる白神山地の森林生態系保護地区の一七〇平方キロメートルがまとまって残っている貴重な原生林に近いブナ林で、世界遺産に登録されている。

ブナ林が減少したのにはブナ材の使いにくさに原因がある、というのは皮肉なパラドックスである。ブナの白色から淡紅色の辺材は伐採すると短期間で変色してしまうし、材は非常に重く、しかも水を含んでいると腐りやすいので、川に流して搬出できない。そのため、木材の乾燥技術が進歩する二〇世紀後半まで用材としてはほとんど使われてこなかった。戦後の木材の増産と治山治水のための拡大造林による水源涵養林の造成は、そんな使いにくいブナ林を集中的に伐採して、良質な用材が生産できるスギ林やヒノキ林に変えてしまった。しかし、薬品処理と合板の接着・加工技術が向上して家具などに使われるようになると、消費量が増え、現在は北欧調の内装材としてヨーロッパから大量に輸入されている。

ブナの稚樹は暗い林床で発芽しても、長いあいだ生き続けて、上層木が枯死して林冠が疎開（ギャップ）するまで一〇年以上待つことのできる陰樹《いんじゅ》である。寿命は二〇〇年ほどあり、林床が明るくなれば、待っていた稚樹が一斉に成長をはじめる。さらにその後一〇年ほどは、明るくなった林床に新しい稚樹の侵入が続き、それらが大きくなって林冠が閉鎖して、ブナ林の更新は一段落する。ブナ林は森林を構成している個体が順次入れ替わりながら、同じブナ林であり続ける動的に安定した冷温帯の極相林《きょくそうりん》である。

ブナ林の林床にササが繁茂する場合は、林冠が開いても次世代のブナはすぐには成長してこられない。しかし、ササは数十年に一度一斉開花してその後枯死するので、ササがなくなって林床が明るくなっているあいだ、すなわちササが回復するまでの二〇年ほどのあいだに、稚樹が発芽して生育できれば更新できる。ブナの長い寿命は、ササによる林床の閉鎖を克服するのに役立っている。

ただし、ブナの開花・結実には五〜七年の周期があって、豊作年でないと種子が散布されない。しかも、四〇〜五〇年生で、胸高直径が二〇〜三〇センチメートルほどにならないと結実しないので、更新のためには壮齢の森林が近くになければならない。ブナの実は野ネズミやリスが越冬するための大事な餌である。豊作の年には餌が余るので、ネズミたちは仲間に見つからないように遠くへ運んでいって貯蔵する。その実が発芽するとブナ林から離れたところのギャップでも更新ができる。ブナは結実の豊凶によって、動物と複雑で洗練された連携をはかり、森林を維持している。

図4-2：照葉樹

照葉樹林

降雨が十分にある暖温帯では冬に葉を落とす必要はないが、地中海地方のように夏の乾燥が厳しいと、葉は小さく硬くなり、背はあまり高くない硬葉樹林になる。一方、夏は多雨だが、冬の低温に対してそれなりに低温対策が必要な暖温帯では、葉は硬葉樹より大きく、表面にクチクラ層が発達したシイ、カシ、タブなどの常緑広葉樹が優占する。いずれも厚いクチクラ層のせいで葉に光沢があるため「照葉樹」と呼ばれる。照葉樹林は東南アジアの山地からアジア大陸の東岸、そして台湾を経て西南日本まで、降水量が多い亜熱帯から温帯に分布している。日本では西日本の暖温帯から、東日本の関東の平野部、さらに東北地方の低地に照葉樹林が成立する。日本人は縄文時代以降その森林を切り拓いて稲作を拡げてきた。

暖かさの指数から推定すると、日本の国土の約半分は照葉樹林が成立する環境である。しかし、上述のように照葉樹林は長く人々の生活の中で利用され続けたため、現在まとまって残っている自然林は少ない。日本の常緑広葉樹林は六・三万平方キロメートルあるが、そのうち自然植生は五九〇〇平方キロメートルしかなく、照葉樹林はほぼ全滅状態である。唯一まとまって残っているのは、九州中央山地国定公園の中にある約二五平方キロメートルの宮崎県綾町の照葉樹林で、その中に高木種は二四種が確認されている。

気候の変化

明らかに温暖化は進んでいると思われるが、皮膚感覚としては暖かくなっているようでもあり、寒さが厳しくなっているようでもあって、変化をはっきりとは感じられない。そこで、まず日本の気候変動の現状をデータで見てみよう。日本の年平均気温は一八九八〜二〇一三年の一一五年間で一〇〇年あたりにして一・一四℃上昇した。これは世界平均の〇・六八℃を上回っている。この温度変化は南北方向では約二〇〇キロメートル、標高にすると約二〇〇メートルに相当する温度差であるというのには驚くと共に、本当だろうかと首をかしげてしまう。気温のゆっくりとした平均的な変化は日ごろの生活の中で体感するのは難しい。それでもこんなに気温が上がれば、確実に環境は変わり、植生は影響を受けているはずなのに、毎日眺めている樹木や森林に何か変化があったようには見えない。自然は漠然と眺めているだけではその変化は容易には分からない。

一方、年降水量は、同じ一八九八〜二〇一三年のあいだでも、長期的に増えていくとか減っていくという変化の傾向は見られない。ただし、ずっと変わらないのではなく、一九二〇年代半ばまでと一九五〇年代ごろは多雨期で、一九七〇年代以降は年ごとの変動が大きくなっていた。その結果、一日あたり一ミリメートル以上雨が降った日数は減る代わりに、一日あたり一〇〇ミリメートル以上の大雨が降った日数は増える傾向にある。つまり、年によって降水量は不規則に変動するが、一回の降雨強度は強くなっていると言えるかもしれない。

大洋に浮かぶ島嶼国家では温暖化による南極の氷の融解や海水の膨張などで海水面が上昇する危険が高まっている。しかし、日本沿岸の海面水位は、一九〇六年以降について明瞭な上昇傾向は見られないし、台風の発生数にも長期的な変化の傾向は認められない。いずれも変動はするが、ある方向への変化というようなものは示していないので、温暖化の影響を見極めるにはさらに長期の観測が必要である。それでもデータはさまざまな環境要因が変化していることを示している。地球環境が大きな攪乱を受けていることを知った上では、その影響が現れる前に対策を講じなければならない。それは将来を見越して行動することができるという人間が持っている万物に勝る優れた能力（フィードフォワード）であり、その資質を持ち腐れにしてはならない。

温暖化の影響

森林帯の分布を暖かさの指数で説明できるということは、五℃前後を発育零点とした場合の積算温量で樹木の生育が規定されていることの証左である。つまり、植物の休眠や開花、結実などの生育ステージが進むのに発育零点以上の温度が大きな役割をしている。一般的には温暖化と共に、開花は早くなり、落葉は遅くなる。しかし、分布南限付近では反対のことも起こる。冬の低温のような厳しいストレスへの適応として休眠があり、休眠が打破されるためには一定の低温状態が継続する必要がある。しかし、冬が暖かくなると休眠を覚醒させるための寒さが足りなくなり、休眠打破が遅れ、開花も遅くなる。

温暖化が樹木の成長や発育ステージの進み方に与える影響は、果樹でよく調べられている。ニホンナシは温暖化によって必要な積算温量に早く達するため、開花日が一〇年間で二・五日早まっている。一方、ブドウやモモでは、冬の低温期間が短くなったことで休眠の打破が不確実になり、引き続く開花時期などが大きく乱れてしまって、果実の生産が被害を受けている。

果樹と同様に、日本で開花に強い関心を払われている樹木はサクラである。サクラも積算温量などで開花は制御されているので、近年の気温上昇の結果、平均すると一年に〇・一日ずつ開花日が早くなっている。花見は日本人の心をつかんだ伝統文化であり、その今後の見通しを知るためにさまざまな将来予測がされている。それによると、将来の開花日は北日本ではさらに早まるが、西南日本ではばらつきが大きくなると共に、遅くなる可能性がある。つまり、温暖化でまずソメイヨシノの成長が早まり、開花日は早くなっているのが現在で、さらに気温が上がると、休眠打破の遅れが目立つようになって、こんどは次第に開花日が遅くなる。そのうち満

図4－3：満開の桜並木

開にならない年や開花しない年が現れ、最終的にはまったく開花しなくなる。日本列島のあちこちでサクラが消えてしまう悲しいシナリオは、日本の春の賑わいに暗い影を落としている。

サクラと同様に、スギの雄花やネズミモチ、イヌツゲのように低温に遭遇しないとまったく開花しない樹種は多く、温暖化は分布の南限付近で種子生産量を減少させる。一方、分布の北限付近では温暖化で成長を制限していた低温ストレスがなくなり、種間競争の力関係が変わり、森林構造が変化する。

後述するように、マツ枯れやナラ枯れは昆虫が媒介する病気で、病気の発現に温暖化は直接影響しないし、あってもごくわずかなものである。しかし、マツ枯れ被害の病原を媒介するマツノマダラカミキリや、ナラ枯れ病の場合のカシノナガキクイムシの生息域は温度で制限されているので、温暖化が進めば病気を北方へ拡大させる可能性が大きい。実際、マツ枯れは一九六〇年代に大発生がはじまって以来、徐々に北へ広がっている。こうした昆虫との相互作用は、病気の蔓延以外に、虫媒花の結実を左右する送粉昆虫が開花時に生息していなかったり、植物を食べる害虫の発生する時期が違ったりといったさまざまな面に現れる。

仮に温室効果ガス排出量の削減ができたとしても、これまでの二酸化炭素濃度の上昇の影響があるので、長期的には気候の変化はこれまでと変わらず続いていくと考えられる。したがって、その変化に適応していく必要がある。特に、スギのように比較的水分の要求度が高く、湿潤な立地を好む樹種は温暖化によって乾燥ストレスを受ける場合が多くなり、高齢木では梢端部の先枯れなどが起こり、スギ林が衰退する可能性も指摘されている。スギに限らず、どの生物にとっても、現在進みつつある気候変動はこれまで経験してきたものとは比べものにならない速度と大きさの変化であり、適応できる閾値《いきち》を超えてしまっているとも言える。生理生態的特性を新しい環境に適応するように変化させる余裕はないので、分布域を生育できる場所まで移動させるしか対策の取りようがない。このことは、第一章のタイガの項で述べた通りである。そこで、日本の森林帯の分布が具体的にどのように温暖化の影響を受けて変化しているのかを見てみよう。

ブナ帯の移行

日本列島では南から常緑広葉樹林、落葉広葉樹林、常緑針葉樹林が分布していて、それぞれの境界付近では北側の森林は衰弱し、南側のものは勢いづくので、南側の森林帯が前進し、北側が後退する。温暖化でどの森林帯もそれぞれ北上することは予想されるが、その移行する範囲は温暖化の程度によるので一律ではない。それでも日本中の森林で構成種が置き換わってしまうことも考えられる。

八甲田山《はっこうださん》（青森県）では、山頂に近い亜高山帯では常緑針葉樹のオオシラビソが標高一三〇〇メートルの分布上限付近で個体数を増加させ、一〇〇〇メートルの分布下限では個体数を減らしている。同様の二つの樹林のあいだでの温暖化による樹種構成の変化は筑波山《つくばさん》（茨城県）

でも見られる。南斜面の標高五五〇メートルよりも下にアカガシの常緑広葉樹林が分布し、その上は山頂までブナが優占する落葉広葉樹林になっている。そのブナ林の分布下限より上の部分では、アカガシの樹冠面積が増加し、ブナ林への侵入が進んでいる。しかも、山頂周辺では、温暖化とは直接関係はないが、ブナの立ち枯れが起こり、ブナ林は上下で分布域を減らしている。

将来の気候変動の影響についてのシナリオによれば、現在の気候下でブナ林が成立できる地域は約六・三万平方キロメートルあるが、今世紀末には半分以下になってしまう。西日本や本州太平洋側ではブナ林がほとんど消滅し、コナラやカシ類が置き換わってしまうが、本州の日本海側から東北地方・北海道南部の各地にはブナ林が残存する。一方、ブナ林の分布下限は高標高に移動するので、山が低いと分布適域が消滅し、ブナ林はなくなってしまう。標高の高い山塊では上部の亜高山針葉樹林帯の中へ適域が広がり、針葉樹が枯死したあとにブナが侵入し、次第に増えていくだろう。しかし、樹種の交代は後退よりも侵入のほうが長期間を要するので、ブナ林は低山帯で失った面積を亜高山帯ですぐに取り戻すことはできないだろう。亜高山帯林が衰退したあとにササなどが林床に繁茂するようなことがあれば、ブナの侵入はさらに遅れるので、一時的ではあるかもしれないが、ブナ林の面積はさらに大きく減少すると思われる。

ブナ林だけではなく、現在の分布域が山頂部分の植生は、温暖化で分布域を失って絶滅する危険が高くなる。特に、高山・極地生態系で影響はより深刻で、多くの固有種を含む高山植物の相当数は絶滅が懸念されている。高山では気候変動は平均気温の上昇のほかに、積雪の量や期間が変化して雪解けが早くなる事態をもたらす。生育期間が長引くと、第一章でも見たように、土壌が乾燥して高温と水不足は強いストレスとなる。

温暖化が進行する中で、ブナ林には悲観的な将来しか見えてこないが、その悪化する原因を作った我々としては、西日本の常緑樹林の上限ではブナ林への常緑樹の侵入をコントロールし、北海道などのブナ林の北限以北では常緑針葉樹林へのブナの侵入を促進するなどの温暖化への対策を講じて、なにぶんかの罪滅ぼしをしたいところである。植物の移動を助けるためのコリドー（回廊）の設置や、高山植物など生育適地を失うおそれがある植物の生育地の復元は、気候変動の影響を回避・軽減するために有効である。しかし、無理な治山治水工事がかえって生息域を分断することもある。あくまでも自然な分布移動を補助するような環境の再生にとどめておかないと、新しい生育地で別の新しい問題を引き起こすことになりかねない。

いったん劣化したり、別の生態系になったりした森林を、元の森林あるいは極相へ遷移《せんい》させようとしても、教科書に書かれているような具合にはいかない。人里に近い照葉樹林は長年にわたって過剰に利用されてきた結果、貧弱なマツ林などの里山になってしまっている。それがまったく利用されないで放棄されて、各地のマツ林でシイなどが増加して、照葉樹林に向かう遷移が徐々に進みつつある。しかし、その途中でモウソウチクが異常繁殖するなど、環境条件が変化して極相の照葉樹林が簡単に復活しない場合も多い。落葉広葉樹のミズナラ林は、次に述べるように、カシノナガキクイムシによるナラ枯れで常緑広葉樹林への遷移が進むことが期待されるが、一方で常緑のカシ類も同じナラ枯れで枯れてしまうので、その跡地には、照葉樹林が再生する途中で発生するネズミモチやイヌガヤが優占して、照葉樹林に至る前に安定した二次林が成立してしまうこともある。森林の遷移は立地のさまざまな環境条件と関連しながら進むので、慎重に変化をモニターしながら、柔軟に適応策を実施していかなければならない。

コラム11　できたての山岳道路とエレベータのようなロープウェイ

高山帯に作られた道路の危うさを実感したのは、中国の雲南《うんなん》省麗江《れいこう》市の北三〇キロメートルにある玉龍雪山《ぎょくりゅうせつざん》でのことだった。この標高五五九六メートルの名峰のふもとは、チベット高原から流れ出る通天河《つうてんが》が金沙江《きんさこう》と名を変えて南流する長江が、メコン川などと併流しながら虎跳峡《こちょうきょう》と呼ばれる深い峡谷を刻んでいる。麗江は少数民族納西《ナシ》族が暮らす世界遺産で、エコツーリズムも合わせた大きな観光地である。玉龍雪山の氷河を見物するために巨費を投じてロープウェイが作られていた。始発駅は樹高の低い高山松の天然針葉樹林の中にあり、町から駅まで曲がりくねった山岳道路が開設されていた。厳しい自然環境の下で風雪に耐えて成立していた森林の中に道路を作ると、林内に光が射し、風が吹き込むので、道路端から樹木が次々と枯れるのがおおかた

図4-4：高山松の天然林の中の山岳道路

の山岳道路脇の樹林の宿命である。結局道路からかなり離れたところまで裸地化して、山地崩壊につながるのは、日本の南アルプススーパー林道でも起こっていることだ。しかし、我々の四輪駆動車は道路際まで低木林が迫っている中を駅に向かって快適に進んでいった。どんな道路の作り方をすると、こんなに森林を破壊しないで高山の樹林帯を利用できるのかと不思議に思っていたら、この道路はできてまだ三ヶ月しか経っていなかった。この道路脇の高山松の多くはこれから強いストレスを受けて枯れる運命が待っている。それからすでに二〇年以上経ったが、今はどんな光景になっているのか気にかかる。

到着したロープウェイの発着駅は標高三三五六メートルに建てられた立派な建物で、丸い小型のゴンドラが斜面を登っていく。残念ながら一〇〇メートルほど進んだところで霧の中に入ってしまった。あとは高度計がまるで時計の針のように動くのに驚きながら、真っ白な世界を見ていると、時折急に眼前に切り立った岩肌が現れ、それを舐めるようにしてゴンドラは登っていった。まるでエレベータに乗っているようだった。終点の四五〇六メートルの地点まで、標高差一一五〇メートルを一五分で飛び上がった。このロープウェイも一ヶ月前に開業したばかりで、試運転に近いものだったようで、無事に戻ってこられてよかったが、帰りに下のほうに見えたロープウェイの作業道路も高山帯の中の樹木をたくさん伐り倒して作られていた。まだ道路の影響は出ていなかったので、高山帯の樹林の景観を上から楽しむことはできたが、エコツーリズムのための開発の危うさを見せつけられた気がした。

2　里山の危機

放棄された里山林

集落の周りで人々の働きかけによって造りあげられた二次林が里山林《さとやまりん》で、そこに混在する農地、ため池、草原などの里地《さとち》を合わせて「里地里山」という。都市と自然環境とのあいだに成立した生態系である。里山林は稲作に必要な肥料のほかに木材や燃材を取るための農用林であり、人の手が入り続けないと維持できない生態系である。

日本全体で里山林は約八万平方キロメートルあり、農地などの約七万平方キロメートルを加えると、里地里山は国土の四割ほどを占める。里山林のうちコナラ林とアカマツ林の面積は共

図4−5：アカマツ林

に三割近くあり、ミズナラ林は二割ほどである。

日本のマツ林は海岸がクロマツ林、内陸部がアカマツ林である。両樹種とも稚樹は耐陰性が弱いため、裸地などの明るい土地にしか定着できない先駆樹種である。マツ林を放置しておくと、林床は比較的暗くなる上に落葉が積もるので、たいていの場合はマツの稚樹が生育できず、マツ林のまま世代を繰り返すことはない。マツ林が更新して引き続きマツ林であり続けるのは、乾燥して裸地化した尾根筋などに限られる。里地に近いところにマツ林があるのは、マツしか生育できないほど人々が強く林地を利用して荒廃させたからである。

劣悪な環境でマツが生育できるのは、マツの根に菌根菌《きんこんきん》が共生しているからである。マツの吸収根のほとんどは菌糸で覆われて菌根化していて、土壌養分の吸収は事実上すべて菌根菌を介して行っている。菌根とは菌類と植物根で形成される共

図4-6：マツタケのシロ（服部興業山林部提供）

生体で、マツ類の菌根は菌糸が植物の細胞の中には入らない外生菌根と呼ばれるものである。菌根はマツの吸収根を包んでしまって、病原菌が侵入しにくくなるので、土壌病害に強くなる。また、菌糸は根の入っていけない微小な隙間にも拡がっていけるので、広い範囲から養分と水を吸収できて、貧栄養や乾燥に対する抵抗性が増す。

ちなみに、マツタケの本体は菌糸で、アカマツの根と栄養のやりとりをしながら土壌中を同心円状に菌糸が拡がっていく。その領域を「シロ」と呼び、周縁部に子実体《しじつたい》としてマツタケが環状に発生する。マツタケは他の菌やバクテリアとの競争に弱く、林床に有機物が堆積して土壌中の栄養塩類が増える（富栄養になる）とすぐにいなくなる。人々が落葉掻きをして落葉落枝を利用していたころの痩せた土壌のアカマツ林がマツタケにはこの上もない好環境であり、マツもストレスに負けないで健全に生育していた。なかでも、五〇年生くらいまでの比較的若いアカマツ林がマツタケの生育に適している。マツタケを増やすにはかつて里山を利用していたころのような痩せたアカマツ林に戻せばよいのだが、それがなかなか手間のかかることであり、まだしばらくマツタケは、低い里山にあるのに、高嶺の花であり続けるだろう。

里山と人の関わり

里山で毎年刈り取った下草《したくさ》を緑肥《りょくひ》として田畑にすき込む刈敷《かりしき》は、近世の水田耕作では重要な地力維持の作業であった。近世から近代までの三〇〇年あまり、山林の一部は皆伐して草地としても管理されてきたので、里山林の周辺には草地も多く分布していた。落葉や枯れ枝は炊事などのために日常的に集められ、樹木は炭や薪の材料として数十年ごとに伐り出されていた。そのため、山には萌芽更新した若い木だけが残って、下草も乏しい状態だった。

何度も伐採が繰り返されたために土壌は劣化し、アカマツがかろうじて残る痩せ山になってしまったのが、浮世絵の名所図会に描かれた江戸時代の里山である。稜線がはっきりと見えるはげ山は森というよりも畑に近く、私たちが郷愁を持って思い描く里山のイメージにはほど遠い。里山はギリギリまで利用され、時には限界を超えて酷使されていて、決して人が自然と安定的に調和していた場所ではなかった。

図4-7：製塩のための塩竈

森林が継続的に利用されるようになるのは縄文時代からだと考えられ、時代が進み、稲作で人口の増加と都市化が起こったのち、一八世紀までには全国の集落周辺の森林の多くが伐採されて、貧弱なはげ山とアカマツ林になってしまっていた。里山には強い負荷がかかり、人と森は激しいせめぎ合いの中に置かれたのだろう。そのあらわれが各地の村に残る里山の利用についての詳細かつ厳格な規則（村掟《むらおきて》、村定《むらさだめ》）である。たとえば、宝永八（一七一一）年の安芸国《あきのくに》賀茂郡《かもぐん》原村の山規則によると、草をひとつかみ刈り取っただけ、木の枝を一本折っただけで重い科料《かりょう》が科されたとある。それでも里山は、過剰に利用され続けることを余儀なくされた森林であった。

里山林は村内の自給自足のための利用だけではなく、製塩やたたら製鉄、陶磁器焼成などの経済活動を支える燃料としても大量に利用されていた。それは石炭利用が一般化する一九世紀初頭まで続いた。製塩のための薪は、山間部の塩木山《しおきやま》などと呼ばれる里山のアカマツ林から供給された。近世の合理的な入浜式塩田《いりはましきえんでん》でさえ、一年間に伐採されるアカマツ林は塩田の七五倍の広さであったといわれている。炭も、自家消費だけでなく、現金収入として重要なものであった。樹種によって生産される炭の種類も伐採までの期間も違う。茶炭の原木になるクヌギは七〜八年、黒炭や白炭のためのナラやカシ類は二〇〜三〇年で伐採を繰り返すし、コナラ、クヌギをキノコのほだ木にするには二〇年ほどかかる。里山はおおむね一〇〜三〇年ほどの短い周期で伐採を繰り返された灌木林であった。

薪炭林は伐採される度に一ヘクタールあたり二四〇キログラムほどの窒素が林外に持ち出され、そのあいだに降雨によって一〇〇キログラムほどが林地に戻ってくると推計されている。差し引きすると、一回の炭焼きで一四〇キログラムの窒素が林地から失われる。伐採間隔を二〇年とすると、江戸時代三〇〇年間に一五回伐採され、全部で二トンを超える窒素が失われたことになる。現在のマツ林の表層五〇センチメートルの土壌中の窒素蓄積量も二トンほどなので、薪炭材の伐り出しで里山の窒素量は三〇〇年間で半減したことになる。現在は大気が汚染されているので、江戸時代よりも大気中の窒素化合物の濃度は増えていて、降雨による供給量は多くなっている。それでも年間五キログラム程度の還元量では、三〇〇年間の消失分が補われるまでにはまだだいぶ時間がかかりそうで、里山跡地の貧栄養な状況は当分解決しそうにない。

一九六〇年前後から家庭用燃料が木炭や薪から電気、ガス、石油に大きく切り替わり、化学肥料の普及とあいまって、里山林は従来の役割を終え、急速に使われなくなった。これまで数百年にわたって人為的に遷移の進行が抑えられて利用され続けてきた里山林は、突然放棄されてしまったことで、それぞれの立地に合わせて林分の構造が変化しはじめた。アカマツ林で上層のアカマツが枯死すると下層で生育していたクヌギ、コナラが成長を開始し、落ち葉が厚く積もった落葉広葉樹林に移行していく。尾根筋などの貧栄養な立地には引き続きアカマツ林が維持され、極度に立地が破壊されて、マツさえ育たなくなったはげ山でも灌木が増えてくる。薪炭林として利用されてきたシイ・カシの萌芽林は、放置されると、常緑広葉樹の照葉樹林や落葉広葉樹の高木林といった本来の極相林に向かって遷移は進むが、常に極相の森林が復元するとは限らない。その前に、これまでの長い人為的攪乱の影響を受けて、落葉広葉樹林や竹林で安定してしまう場合も多い。放棄された里山林の変化は今も進んでおり、各種の二次林や竹林は年々分布域を拡げている。どの植生も人の干渉を受けなくなったことで急速に発達し、現存量が増えている。日本で農耕がはじまって里山が成立して以来、現在ほど里山が樹木で覆われていた時代はなかった。

ちなみに、現在の里山の平均的な地上部現存量は一ヘクタールあたり一六〇トン前後である。照葉樹林やブナ林などの成熟林は二五〇〜三五〇トンほどあるので、里山はこのまま遷移していけば、現在の二倍ほどの現存量まで増えることが期待される。二次林や竹林で安定すると二〇〇トン前後にしかならないので、現存量を増やすには立地条件を回復し遷移の進行を図るのがいい。

マツ林がなくなる？

里山林でたくさんの木が枯れているのが時たまニュースになることはあっても、害虫防除のために空中散布される薬剤が降りかかりそうになったりしない限り、里山の中でどんな木がどれぐらい枯れていて、なぜ枯れるのかに興味を持ってくれる人は少ない。ましてやそれがどこに影響するのか気にする人はほとんどいない。山の木はたくさんの人の目に触れながら、人知れず枯れている。

一九六〇年代にはじまった燃料革命や化学肥料の普及の結果、薪炭材や落葉・落枝の利用が激減し、ほとんどのマツ林は使われなくなった。そしてマツ林への人の出入りがなくなったころ、西日本を中心に大量のマツの枯死とマツ林の崩壊がはじまった。一九七〇年代に被害がピークを迎えたころは日本中からマツ林が一掃されそうな勢いであった。現在は当時ほどの大量のマツ枯れは起こっていないが、それでもマツ枯れは続いている。そのため、マツの植栽やマツ林の保全には、マツ枯れ対策が欠かせない状況に変わりはない。

マツ林にはマツの葉を食うマツカレハから、幹を食うカミキリムシ、形成層を食うキクイム

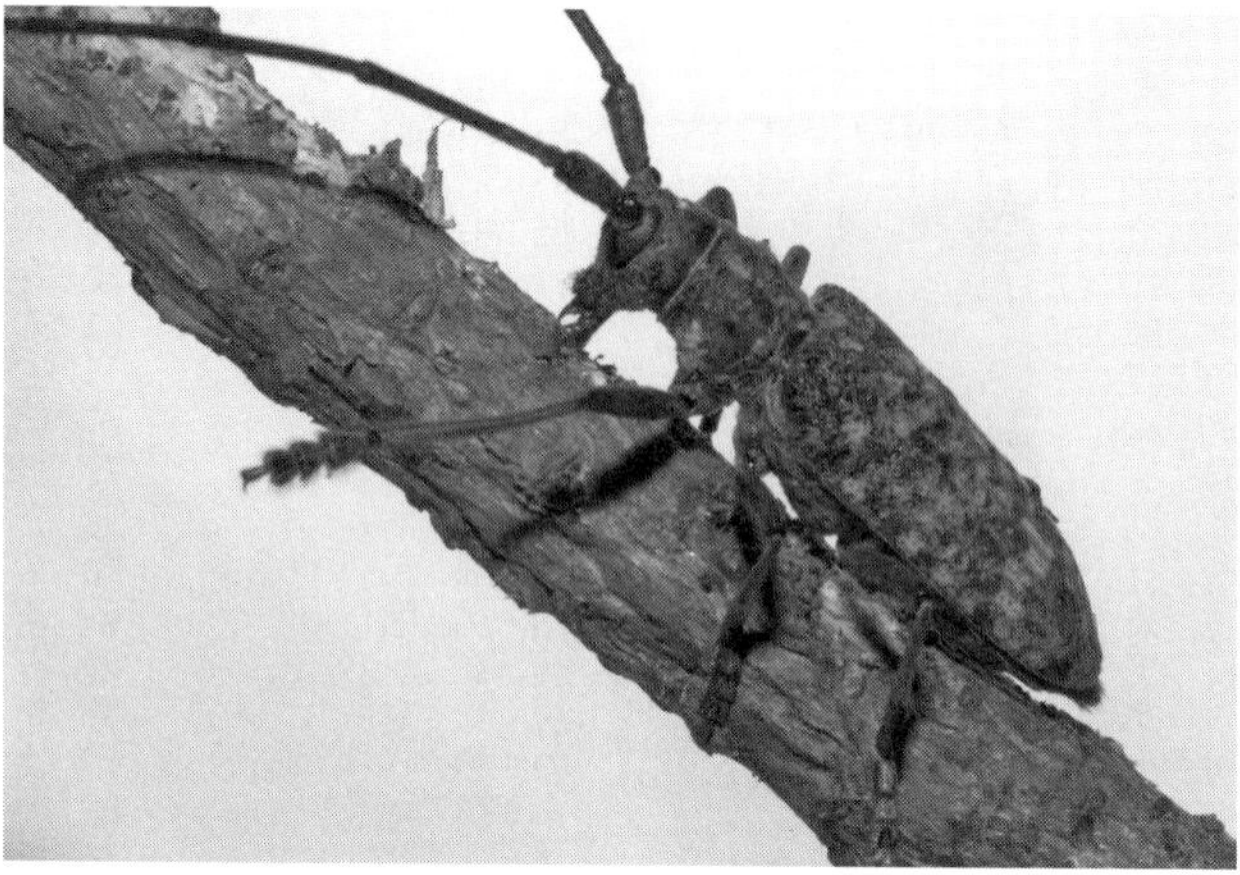
図4-8：後食中のマツノマダラカミキリの成虫（鎌田直人氏提供）

シ、さらに根を食うコガネムシまでたくさんの昆虫が生息し、マツ林と共存している。それはどの昆虫もマツ林に破壊的な被害を与えないからである。幹の中に入り込むために穿孔虫《せんこうちゅう》類と総称されるカミキリムシ類、ゾウムシ類、キクイムシ類もすべて二次性害虫と呼ばれるもので、健康なマツを枯らしてしまう力はない。穿孔虫類が健康なマツの樹幹に入ろうとしても、大量に分泌される松ヤニで殺されてしまう。樹木と虫の長い共進化の結果である。穿孔虫類は弱ったり枯れたりしたマツを食べて暮らしているので、穿孔虫類がどんなにたくさんいても、マツ林がなくなってしまうことはない。むしろ、マツの枯れる量が穿孔虫の数を決めている。

今は一段落したとはいえ、全国津々浦々で大量のマツが枯れた。その原因はマツノザイセンチュウ（以下ザイセンチュウ）という体長一ミリメートルほどのセンチュウで、それがマツの樹体内に入って通水障害を引き起こし枯死させたのだ。小さなセンチュウがマツを次から次に枯死させるのは、穿孔虫のうちのマツノマダラカミキリ（以下マダラカミキリ）というかなり地味な外観のカミキリムシが、このザイセンチュウをマツからマツへと運んでいくからである。

マツ枯れが突然日本中のマツ林を襲いはじめたのは、病原のザイセンチュウが入っている北米産の丸太を日本が輸入したからである。ザイセンチュウは、日本のマツ林にとって極めて危険な外来種であった。北米でザイセンチュウの運び屋となっているのはヒゲナガカミキリ属のカミキリムシで、日本では同じ属のマダラカミキリがこの外来のセンチュウと強力なタッグを組んでマツを枯らしはじめた。マダラカミキリは運び屋になることで健全なマツを枯らせる一次性害虫に変身した。それまでどちらかと言えばまれな種であったマダラカミキリが、マツ林の大量枯損がはじまってからはマツ林内を大量に飛び交うようになった。

両者の関係を見てみよう。まずザイセンチュウを腹部の気管の中に大量に抱えたマダラカミキリの新成虫が五月〜七月に枯死したマツから羽化《うか》してくる。羽化後にマツの新梢《しんしょう》（今年伸びた枝）を食べて卵巣を発達させる（後食《こうしょく》）ために、成虫はマツ林の林冠の上を飛び回る。林冠の上に立ち上がって伸びている新梢に飛びついて表皮の部分を食うと、気管から出てきたザイセンチュウはその傷跡に乗り移ることで新しい健康なマツの樹体内に侵入する。ザイセンチュウが侵入したマツは木部の通水性が低下して、活性が落ちるので、松ヤニが出なくなると共に、テルペン系の揮発物質を放出する。後食で性成熟したマダラカミキリはその匂いに誘われて弱ったマツに集まり、樹幹上で交尾し、樹皮下に産卵する。ふ化した幼虫は、松ヤニが出ない安全な樹幹木部を食い進んで成長する。秋にはサナギになるための蛹室《ようしつ》を作って越冬し、翌春サナギになる。そのころには樹体内で大量に増殖したザイセンチュウのうち、長いあいだ餌をとらなくてもよい耐久型と呼ばれるものが蛹室の周りに集まって来る。サナギが羽化して新成虫になるときに身体に乗り移って気管に入り込み、次のマツまで運ばれていく。

マツ枯れはザイセンチュウがマツの体内に入ることで樹幹の通水性が低下して枯死する萎《い》凋病《ちょうびょう》である。そのため降水量の少ない乾燥した年ほどマツ枯れ被害が大きくなる。ザイセンチュウがマツを枯らすメカニズムはまだ完全には解明されていないが、木部で養分の貯蔵と輸送を担っている生きた柔細胞《じゅうさいぼう》とザイセンチュウとの相互作用がマツ側に一種の過敏感反応を引き起こしているのではないかと考えられている。マツ枯れのメカニズムについて、さらなる詳細は今後の研究を待たなければならないが、マツの生育環境もマツ枯れ被害の程度に影響する。

斜面の位置によるマツ枯れ枯死率の違いを長く調べた結果によると、斜面下部ほど枯死率が高く、マツ枯れは斜面の下から上に向かって徐々に進んでいく。斜面の上部と下部を較べると、斜面に降った雨は地表を流れ下るので、下になるほど上から流れてくる水が多くなって、湿潤になる。そのため斜面下部になるほどマツはよく成長するので、樹高が高く、高密度のマツ林になっている。一方、斜面上部や尾根部では慢性的な強い水ストレスを受けて小型のマツが低密度の林分を形成している。特に瀬戸内のように降水量が少ない地域では尾根筋は土壌が発達しないので、ほとんど裸地に近い状態のマツ林になる。そのような状況下で、マツ枯れは斜面下部の湿潤な立地の立派なマツ林からはじまって、乾燥して水ストレスを強く受ける山頂の貧弱なマツ林に向かって進んでいく。

一方、マダラカミキリの後食痕の数は斜面の上のマツも下のマツも変わりはなかったので、どのマツもザイセンチュウを持ち込まれる危険は同じで、斜面の上だから多いとか少ないと言うことはない。そして、ザイセンチュウの侵入によるマツの枯損は降雨の少ない水ストレスが強い年ほど多くなるのに、水ストレスを受けにくい斜面下部のマツから先に枯れていくのは、一見矛盾する結果である。これを説明するには、マツの耐乾性を考えるしかない。

乾燥した山頂部でマツが生き残れるのは、土壌が乾燥するほど共生する菌根菌が多くなるからである。慢性的に水ストレスを受けている斜面上部のマツは、菌根菌の助けを借りて、高い吸水力や乾燥条件での失水《しっすい》抵抗を発達させて慢性・急性の水ストレスのもとでも生き延びている。しかし、斜面下部の湿潤なところのマツはそういう水ストレス耐性を持つ必要がない。その代わりに、エネルギーを個体間競争のための成長に使っている。そこで、ザイセンチュウが侵入してきたときの水分欠乏への抵抗力の違いがマツ枯れ死亡率の違いとして現れていると考えられる。山の手の子供より下町の洟《はな》垂れ小僧のほうが風邪をひきにくいということである。

マツ枯れ被害の拡大は、マダラカミキリがマツ林の樹冠上を飛び回る飛翔力にかかっている。彼らは遠くへ飛んでいく必要はないが、成虫は卵巣を発達させるために伸びたばかりの新梢を食わなければならない。そこで、羽化してきた成虫は高い枝先まで登っていって、しばらく様子を見たあと、おもむろに硬い鞘翅《さやばね》を開いてマツ林の上に向かって飛び出していく。

一九七〇年代に長崎県の佐世保《させぼ》や和歌山県の潮岬《しおのみさき》でマツ枯れが発生しはじめた当初、マツ枯れの前線が一年に一〇キロメートル近く前進したことから、マダラカミキリの高い飛翔能力が分かった。防除は広い範囲を対象にしなければならないことから、殺虫剤の空中散布が大規模に実施された。マダラカミキリは餌を求めてマツ林の林冠上を飛ぶので、林冠の上に新梢を突き出している成長のよいマツが後食されやすく、そういうマツから枯死する。毎年一〇キロメートルもマツ枯れが広がったのは、マダラカミキリの個体数が増えてしまうとそういう美味しい餌が減ってしまって、遠くまで飛ばなければならなくなったためかもしれない。

大発生のとき（パンデミック）と通常の低密度のとき（エンデミック）でマダラカミキリの行動は自ずと違うと思われるが、後述のナラ枯れのキクイムシの場合も含めて、エンデミックのときの状態がよく分からない。防除が功を奏して害虫の個体数が減ったあと、ムシと樹木が共存するための管理にはその低密度のときの情報が欠かせないのだが、なかなかそういう情報は集まらない。喉元を過ぎれば熱さを忘れるのは、つらい状況から素早く立ち直るための知恵かもしれないが、そのためにエンデミックからパンデミックへの移行期の判断が甘くなるなど、防除が後手に回る場合もある。流行が終わっても、最後まで粘り強く調べ続ける研究者をサポートする体制が欠かせない。

マツ林の保全・管理策

最近はマツ林が減ってきたこともあって、昔のようにマツ枯れで秋になると至るところのマツ林が紅葉するようなことはなくなったが、それだけに今も残っているマツ林は貴重なものであり、丁寧に保全・管理していかなければならない。マツ枯れを防除するには、マダラカミキリの個体数を減らすか、マツの樹体内に入ったザイセンチュウを殺してしまうことである。マダラカミキリの個体数を減らすには、羽化する前に被害木を伐倒して、林外へ運び出して、焼却したり薬剤処理をしたりするのが効果的であるが、被害丸太をすべて伐り出してくるには莫大な経費がかかる。飛び回っているマダラカミキリを殺すために殺虫剤を散布する際には、散布方法の慎重な検討が欠かせない。樹幹に薬剤を注入してザイセンチュウを殺すのが生態系への影響が一番少ない方法であるが、これも労力と経費がかかるので、ゴルフ場や寺社の境内のような特定のマツの保護にしか使えない。

被害木を伐倒処理すると上層のマツが減り、林冠が疎開して林床に光が射すと共に、被害丸太の搬出の際に下層植生や土壌が攪乱される。前生の下層植生が痛めつけられると、明るい荒廃地を好む先駆樹種のマツの稚樹が侵入し、マツ林が維持されやすくなる。一方、被害林を放置すれば、上層のマツが枯れて倒れたあと、下層植物のクヌギやコナラの成長が促進されて、元の自然植生に向かって遷移が進み、マツ林は衰退する。

マツ林は人の干渉がなければ維持できない森林であり、目的を持って利用してきた結果できあがった森林である。長く人々の生活と関わってきたことで、京都の庭園の借景としてのマツ林をはじめ、各地の農山村の裏山の景観や海岸の防潮防風林として、マツ林は日本の森林文化、自然環境として欠かせない生態系となっている。居住地の近くにマツ林が広がっていたのは、薪炭材の供給基地としての大きな役割を持った森林であったからである。残念ながら大半がすでに役割を終えて放棄され、その姿は変わっている。

温暖化対策として再生可能エネルギーの利用拡大が進む現在、木質バイオマスを生産する森林としてマツ林を再生するというのは、いかにも地球環境保全に相応しい対策のように思える。しかし、マツ材の利用量やその流通先などについての明確なビジョンを持たずに、むやみとマツ林を復元すれば、単に使い道のない薪炭林を復古させるだけで、社会の変化に適切に対応した適応策とはならない。居住地周辺の森林の役割、すなわち日常生活の中での森林と我々の暮らしとの適切で新しい関わり方を考えた上で、マツ林の利用の仕方とその配置を決めなければならない。

ナラの集団枯損

京都の東山《ひがしやま》連峰では夏の終わりに大径のシイやクヌギが真っ赤に色づいて枯れていることがある。日本海側でも人家に近い山林で大径のコナラやミズナラが集団で枯れていることがある。いずれも枯死木が発生しはじめると、翌年から周辺で被害が急増し、三〜四年は集団での枯損が続く。しかし、数年すると枯れやすい大木がなくなってしまって、被害は終息する。これがナラ枯れの集団枯損である。

これはカシノナガキクイムシ（以下カシナガ）という体長五ミリメートルほどのキクイムシが病原性のあるナラ菌を媒介して起こる伝染病である。ナラ枯れで最も被害を受けているのはブナ科コナラ属のミズナラとコナラである。幸いナラ菌はブナ科ブナ属の樹木には感染しないので、ブナ林への被害はない。ナラ類、シイ類の樹幹にナラ菌が侵入すると道管の通水機能が失われて水不足で樹勢が衰えたり、枯れてしまったりする。

カシナガとナラ菌による集団枯損は二〇〇〇年ごろから拡大し、二〇一〇年に被害材積は三二・五万立方メートルに達した。その後いったん下火になっただが、二〇一五年から再び増えはじめ、二〇二〇年は一八・六万立方メートルと大きく増加した。ちなみにこの時期のマツ枯れによる被害材積は一九七九年のピーク時の八分の一ほどに減っていたが、それでも三〇〜四〇万立方メートルもあった。ナラ枯れはそれに匹敵する被害であった。

二〇一〇年のピーク時の被害の中心は東海地方から北陸地方にかけてであったが、その後は東北地方での被害が増えている。東北地方では一九五〇年代にもナラ枯れの被害が発生しているので、二〇一〇年以降のナラ枯れ被害の北上は、温暖化によるものとは言い切れない。ただし、温暖化でカシナガの分布域が拡大すると被害の発生域はもっと北に広がる可能性は大きい。

ナラ枯れを蔓延させている張本人のカシナガは、アンブロシア菌と総称される共生菌を幹の中に掘った孔道《こうどう》内で培養して、その菌を餌にする養菌性キクイムシだ。まるで農民のようなキクイムシである。このカシナガが急にナラ枯れを起こしはじめたのにも、里山の放棄が深く関係している。

カシナガが餌にしているアンブロシア菌は木の中にあるのではなく、メスの成虫が羽化するときに前胸の中央のくぼみ（菌嚢）に酵母状のアンブロシア菌を入れて飛び出してくる。そのとき、病原菌のナラ菌も持って出て、新しい木の中に持ち込む。これは前述のマツ枯れのときのマダラカミキリとザイセンチュウの関係によく似ているが、カシナガが一次性を獲得したのはナラ菌との共生によるものではなく、個体数の増加による集中的な穿孔（マスアタック）によると考えられる。

六月ごろに羽化したカシナガのオスは、すぐに近くにある直径が一〇センチメートル以上ある大径の生きているナラ類やシイ類の幹に孔を穿って入り込み（穿入《せんにゅう》）、成功すると集合フェロモンでメスを呼んで、交尾し、産卵する。縦横に掘られた長い孔道で餌の菌が増えて、幼虫はそれを食べて育つ。一方、メスが持ち込んだナラ菌の菌糸は辺材部の生きた細胞に侵入して壊死させせながら拡がっていく。菌糸の周辺の柔細胞は抗菌性の二次代謝物質を分泌して対抗しようとするが、かえって自身の道管の通水機能を阻害する。あるいは真相はこの逆で、孔道が作られることなどで空隙が発生して道管の通水機能が停止したあとで、柔細胞から代謝物質が分泌されて道管閉塞が起こるのかもしれない。ナラが枯れるメカニズムは、最後のところがまだ分からない。いずれにしても、ナラ菌が樹体内に蔓延する八月になると、葉が退色しはじめる。

最初に木に入り込むオス成虫は、先のマダラカミキリとは違って、地表近くを飛んで移動するので、主に木の幹の下の部分にやって来る。木が枯れて、材が乾くと餌の菌の成長がかんばしくなくなるので、できるだけ長く水分がなくならない太い幹を好んで穿入する。里山が薪炭林として使われていたころは二〇年生前後の樹木が最大で、ほとんどは細い木ばかりだったので、カシナガの繁殖力は高くならず、個体数が急に増加することはなかった。薪炭林は一九八〇年までにはほぼ利用されなくなり、今では樹齢が四〇〜五〇年を越え、太さも三〇センチメートル以上の老齢の大径木に成長してしまっている。カシナガが好むサイズである。かつての薪炭林や放置されたマツ枯れ跡などで、見事な巨木が集まっているシイ林やコナラ林は、カシナガにとってはパラダイスである。安心して菌を培養できる木が増えれば、前年に侵入した親の個体数を遥かに超える子供たちが羽化してきて、六月には新成虫が林内をあふれんばかりに飛び回ることになる。

林内にたくさんのカシナガがいると、オスの集合フェロモンに誘われて集まって来るカシナ

図4-9：樹幹下部にシートを巻いてカシナガの侵入を防いでいるミズナラ

ガも増えてくる。そして同じ場所、たいていは樹幹の下部へ次から次に穿入する。集中的に加害されると、孔道の密度が高くなり、持ち込まれるナラ菌も増えてくるので、樹幹の根元付近で通水が全面的に停止してしまい、葉に水が届かなくなって枯れてしまう。翌年の初夏には枯死木から羽化した大量の成虫は、近くの生きている木を攻撃する。そのため新しい枯死木は前の年の枯れ木の近くに多くなるので、枯れ木はかたまって発生する。

里山の小型のコナラやミズナラは、薪炭材以外にこれといった用途がなかったが、使われなくなって大径木に育ってきたので、家具や床材としての用途の開発がはじまっている。しかし、まだ本格的な利用は行われていないので、今のところは多数の枯死木が発生しても経済的な損失は大きくない。枯れ木が大量に発生するので、倒木の危険や土砂崩れが危惧されていても、しばらく枯れるに任せて手をこまぬいていれば、枯れやすい大径木がなくなってしまって、自ずとナラ枯れは終息する。そのために利用価値の低いナラ林を労力をかけて積極的に救うインセンティブは得にくい。

それでも被害が出ている林分でカシナガが樹幹に穿入して枯らすのを阻止するとすれば、成虫の個体数を減らしてマスアタックをさせないようにするのが一番である。まず飛び回っている成虫を丸太や薬剤を使った誘因トラップや粘着シートで捕獲・殺虫する。その上で、新成虫が羽化してくる前に被害木を伐倒して林外へ搬出する。さらに薬剤を散布して、材内の幼虫が羽化しないように駆除することが肝要である。伐っただけで放置すると多数の次世代成虫が発生してきて元の木阿弥になる。被害木であっても薬剤を散布すれば、太いコナラやミズナラの材が利用できるようになるのだが、ゆめゆめ被害木をシイタケ原木などに利用しようなどと思ってはいけない。丸太のまま移動させるのはカシナガの分散を助け、新しい被害地を作ることになる。

ナラ類が大径木になってしまった里山で、ナラ枯れの防除のために、大径木を減らしてコナラの若齢林を造成しようとしても、簡単ではない。直径二〇〜三〇センチメートルの若いコナラは萌芽力が強いため、薪炭材として伐採をしたあと、すぐにひこばえが発生し、コナラ林が再生する。しかし、太さが四〇センチメートルを超える大径木になると、コナラは伐ってもまったく萌芽しないので、伐採しても次世代のコナラ林が再生しない。あるいは、生物多様性の保全や散策利用を目的に、下草や灌木を除去し、一部の高木を伐採して風通しのよい明るい里山林を造成しようとする森林整備がよく行われている。しかし、被害林の中で不用意に生立木を伐倒すれば、カシナガに美味しい餌を準備し、しかも集まりやすくしているようなものである。その上、カシナガは切り株でも繁殖できる。枯死木を放置したことがカシナガの個体数増加を招いたのだから、中途半端な伐倒処理はキクイムシの繁殖を助けるので、絶対禁物である。被害林の整備と被害材の有効活用までの道のりはまだだいぶ遠いが、里山の環境維持とバイオマスの有効利用のためには是非実現させたいものだ。

コラム12 マツタケを楽しむ

子供のころは、秋になると奈良県の山奥の母の実家で、祖父に連れられて裏山を登っていってマツタケ狩りをした。しかし、都会育ちの子供は落葉の下のマツタケを見つけるのが下手で、見つけるよりも踏みつけて潰してしまうほうが多く、むやみと歩き回らないようにとしかられたのを覚えている。子供の足でも踏みつけてしまうほどたくさん生えていたのだ。また、そのころは客が来ると必ず竹で編んだ籠に入れたマツタケを持ってきてくれた。シダで蓋をしてあるのが子供心にも秋らしくて好きだった。父はそれを七輪で焼いて、醬油をかけて酒の肴にし、僕らはすき焼きにして食べた。肉が高かったので、肉とマツタケはほぼ同じ量だったように思う。健全なマツ林が支えてくれていた夢のような食生活だった。そんなマツタケの入ったすき焼きを最後に食べたのはもう五〇年近く前のことである。もちろん、そのときはマツタケは一人何切れと決められていたように思う。

3　どうやって里山を管理するのか

我々は実態と違う里山のイメージから、日本の自然の「豊かさ」に幻想を持っていたのではないだろうか。裏山にはスギやヒノキの人工針葉樹林と大きな樹木が混じる広葉樹天然林が混在し、農家の庭の向こうには水田が豊かに広がる。静かに座っていれば、トビがのどかに空を舞い、キツネやウサギが駆けていくのを時には目にすることもできる。そんな豊かな動植物を育むことのできる自然が我々の住む日本の田園風景である、という幻想である。先に見たように、利用が集中していた里山はほとんど、はげ山だった。かろうじて森林が維持されていたのは計画的な管理が行われていたからである。

しかも、これまでの里山の利用・管理は人々の住環境の保全や自然災害を防ごうとしたものではなかった。過度な利用が容認され、環境を強く攪乱するような負荷をかけられ続けてきたのが里山生態系であり、それ自体が災害を引き起こす危険の高いものであった。人里周辺での

図4-10：里山の崖崩れ（中島氏提供）

植生劣化による自然災害を防止するには、里山生態系は目的を持って管理されていかなければならない。今はそれが人の手を離れ放置されてしまっているので、無軌道に荒廃が進んでいる。

放置すれば山は崩れる

そもそも、人が手を触れなければ自然は守れるというようなものではない。治山治水を放棄して自然に任せておくと、山は崩れるし、川はあふれて流路は変わる。森林は管理しなければ利用もできないし、楽しむこともできない。たとえば、子供たちが山で自然に触れるには準備が欠かせない。都会では自然に触れる機会が少ないということで、都市近郊の山には自然観察用に遊歩道が整備されている。母親に連れられ、ボランティアの説明を受ける子供たちは、落葉の手触りもカケスの鳴き声も、木の幹の奥から聞こえる水音も知っている。一方、豊かな自然に囲まれた田舎では、あえて自然とふれあう場所が必要と思われないため、森林公園はアスレチック場と見紛うものとなっている。その結果、子供たちはヘビもタヌキも見たことはないし、山を歩いてせせらぎの音に感動する機会も限られている。

都会には自然がなく、田舎には自然があふれている、とさしたる根拠もなく我々は信じている。先入観は持たないようにと言うのは簡単だが、何が先入観かを知るのは簡単なことではない。特に自然や森林のように大きく我々を包んでいる環境について、その実態を理解することそれ自体が難しい上に、彼我の持つ環境の違いを知る機会も乏しいので、先入観という意識さえ生まれにくい。いずれにしても、自然を身近なものとして暮らすには、我々はもう一度身の回りにある自然を虚心坦懐に見つめなおしてみる必要があるだろう。これまでと違った風景が見えてきて、見慣れたものや思い込んでいた状況を捉えなおせるのではないだろうか。

これまでの里山の利用は数年から数十年の周期で、小面積ではあるが一つの林分を強く伐採してしまう大きな撹乱であったが、一方で、それは常に近隣の林分で繰り返されている撹乱でもあった。その結果、集落の周辺には撹乱からの回復過程がいろいろなステージにある林分がモザイク状に分布する里山生態系が形成されていた。もちろんその中には、ほとんど植生がなくなってしまっているはげ山も多かったが、全体としては異質な環境が密集して併存することで高い生物多様性が維持されていたともいえる。里山は捉え方によって豊かであったり、貧弱であったりする生態系である。

どんな森林を求めているのか？

我々はどんな森林を身近な里山に求めるのか。長く使い続けてきた結果できあがり、日本の文化に深く関わってきているこれまで通りの里山林なのか。農地を拓くために先人たちが蚕《さん》食《しょく》を繰り返し、その結果破壊してしまった原生の照葉樹林を復元させるのか。それとも、幻想として抱いてきた豊かな自然を実感させてくれる田園の中の森林を実現させたいのか。利用しながら楽しむための森林はこれまで一度も手にしたことはなかったものかもしれない。だとすれば、森林の概念もそれを実現させるための技術も新しく作り上げていかなければならない。自然に手を加えて我々のための森林を造り上げるのであれば、気候変動で環境が変化することを見越した上で、まず求める森林像を明確にしなければならない。持続性のある新しい里山像のグランドデザインが欠かせない。

経済的に不要になった里山二次林を、再び燃料革命前と同じように全面的に薪炭林として復元・維持するのは現実的ではない。しかし、現代社会において、都市近郊林を生産林として利用する道があるとすれば、一部は伐採や植栽など手厚い修復作業を行った上で二次林を再生・維持して、以前の里山生態系を復元させるのも一案である。経済的にも保健休養的にも利用価値は高いかもしれない。手入れの行き届いたアカマツ林を増やして、マツタケを手軽に楽しめるようにするのも目的の一つになるだろう。しかし、大部分は広葉樹林の成立を目指すか、照葉樹林化を見守るしかない。つまり、林内は明るくて散策を楽しめ、秋には紅葉する森林や風薫る清涼感にあふれた竹林のほか、常緑広葉樹林を神社の裏山以外の山地の景観に組み入れて、照葉樹林の鬱蒼《うっそう》とした神宿る神秘さを実感できる自然を再生させるための管理をするのもよいかもしれない。人々の生活域の周囲に利用する森林があると同時に、利用しない森林もあれば、人と森林は多様な関わり合い方をしていける。

第五章　これからの森林管理
――林業が拓く森林の可能性

1　気候変動対策への取り組み

温室効果ガス排出削減目標

すでに温暖化は見過ごせないところまで進行し、異常高温や集中豪雨、あるいは積雪量の減少など、あちこちでその影響が現れている。環境を守り被害を少なくすることで、気候変動が、我々の生活と環境を劣化させ破壊するリスクを低減させなければならない。そのためには温暖化の根本的な原因である温室効果ガスの排出量をできるだけ速やかにゼロにし、少なくとも生態系が自然に適応できる範囲内に気候変動を抑えなければならない。世界中で省エネルギーが促進され、森林などの炭素の吸収量を増やして、排出量と吸収量をバランスさせるカーボンニュートラルな低炭素社会の実現が目指されている。

世界は、気候変動対策として温室効果ガスの削減に向けて動き出している。最近の動きを見てみよう。二〇一五年一二月に国連気候変動枠組条約（UNFCCC）の第二一回締約国会議（COP21）でパリ協定が合意された。そこでは、二〇二〇年以降の地球温暖化対策の国際的枠組みを定め、世界の平均気温の上昇を産業革命前と比べて二℃以下にすることを目標とし、できれば一・五℃以下に抑えることとした。そのために、年々増え続けている世界の温室効果ガス排出量をできるだけ早く減少傾向に持っていき（ピークアウト）、二一世紀後半には温室効果ガスの人為的な排出量と森林などの吸収量をバランスさせることを目指した。

ただし、パリ協定の前に採択された京都議定書（一九九七年）では、条約の中で先進国は国ごとに削減目標を決めていた。当時は全人口の二〇パーセントを占める先進国で温室効果ガスの七〇パーセントが排出されていたので、先進国の自己規制と途上国への技術支援による排出量の抑制で、二〇一二年までに排出量を実質ゼロにすることができると考えられていたからである。しかし、その後は途上国の排出量が先進国を上回ってきたため、先進国、途上国の別なく排出量の抑制が必要であるとして、パリ協定ではすべての締約国がそれぞれ自主的に削減目標を決めることになった。

しかし、たとえ各国が約束した削減目標がすべて実現されたとしても、今世紀末には世界の平均気温は二・七℃上昇するとの試算をふまえ、二〇二一年に英国グラスゴーで開催されたCOP26では、パリ協定を少し進めて、気温上昇を一・五℃以内に抑える努力を続けることとした。そのためには、二〇三〇年までに世界全体で二酸化炭素の排出量を二〇一〇年より四五パーセント削減し、二〇五〇年までに実質ゼロを達成する必要がある。そこで、各国には、削減目標を再検討し、より高い目標値を提出することが要請された。さらに、COP26では、石炭火力発電の「段階的な削減（逓減《ていげん》）」が合意された。特定の燃料を名指しにして各国に利用の制限を求めるのは異例であるが、石炭火力発電の削減が必要不可欠だという世界的認識が広がっているあらわれである。

二〇二一年の時点で、二〇五〇年までにカーボンニュートラルを実現することを目標としている国は日本を含めて一四四ヶ国あり、それらの国の二酸化炭素排出量は世界全体の排出量の四二・二パーセントを占めている。中国などカーボンニュートラルの実現を二〇七〇年までとしている国を加えると、一五四ヶ国（総排出量の八八・二パーセント）が今世紀後半には二酸化炭素の排出量を実質ゼロとすることを目標として対策を進めている。二〇一九年時点で、二〇五〇年までに排出量を実質ゼロとしようとしていたのは一二一ヶ国（一七・九パーセント）であったのとは隔世の感がある。しかし、ここに至ってもなお国際的な合意には至らない二酸化炭素排出量削減のための懸案がまだ多く残されている。前述の排出量削減の目標値の提出に応じていない国も多い。また、石炭火力発電について、原案の段階的廃止が段階的削減になったように、各国の社会・経済的事情によって表現が弱められているものも多い。

日本の排出量削減目標

日本はパリ協定に沿って、二〇三〇年度の二酸化炭素の排出量を二〇一三年度の一四・一億トンより二六パーセント削減することにした。それから四年後の二〇一九年の排出量は一二・一億トンまで少なくなってきているが、それでも二〇一三年度より一四パーセント減っただけなので、まだまだ努力が必要な状況であった。しかし、この二六パーセントの削減目標は、諸外国の動向や種々の圧力の下で、六年後の二〇二一年四月には四六パーセント減に変更された。これは、九年後の二〇三〇年の総排出量を七・六億トンにすることであり、短期間で達成するのは容易なことではない目標である。

この変更に先立つ二〇二〇年一月に、日本政府は二〇五〇年にはカーボンニュートラルを実現させると宣言した。そのためには二〇五〇年まで毎年排出量を約〇・四億トンずつ減らしていかなければならない。なお、これまでの二六パーセント削減目標のままなら、年間の排出削減量は約〇・三億トンですんだのだが、それでは二〇三〇年の排出量は一〇・四億トンになるので、その後の二〇年間は毎年〇・五億トン以上の削減を続けなければならない。そこで、二〇二一年の見直しは、二〇五〇年までの排出量の削減ペースを平準化しようとしたものといえる。ともあれ、日本はこの方向ですでに舵を切っている。

2　林業による温室効果ガス排出削減

林業とは

二酸化炭素排出量の削減によって気候変動の影響を緩和させると同時に、変動する気候条件に順応して、健全な生態系を維持する対策も欠かせない。森林についても、これまで見てきたように、気候変動によるさまざまな攪乱に対する強靱性を強化し、脆弱性を克服して適応力を高めることで、環境を保全するサービスの提供を拡大させることができる。なかでも、現在世界中の森林に求められている最も重要な生態系サービスは大気中の二酸化炭素を隔離し、減らしていくことである。森林への期待は日に日に大きくなっている。しかしそんな中で、森林の未来は必ずしも明るいものではない。人類の歴史の中で森林は一貫して劣化し、減少してきた。現在も四〇〇〇万平方キロメートルの世界の森林から毎年約五万平方キロメートルが失われている。しかし、森林は、適切な管理・利用によって、大気中の二酸化炭素を森林自身の蓄積量以上に減らしていける機能がある。大気中の二酸化炭素の隔離のために森林の蓄積量ばかりが注目され、蓄積した炭素の利用はあまり考えられてこなかった。そのため、森林面積の増減やその保全にのみ力点が置かれている。しかし、気候変動のリスク回避に果たす森林の役割は、木材を利用することで限りなく大きなものにすることができる。

林業とは森林を管理し、生産力を高めると共に、森林に公益的機能を発揮させながら、木材をはじめとする林産物を持続的に生産する産業である。森林は、保全され続けているだけよりも、利用されることでより多くの二酸化炭素の削減に貢献できる。林業が果たす温暖化緩和策の詳細は次のようになる。

森林は光合成によって大気中の二酸化炭素を吸収して樹体内に炭素を長期間、そして大量に貯蔵するので、気候変動に対して高い緩和機能を持っている。しかし、森林はいつまでも大気中の二酸化炭素を吸収し続けるわけではない。裸地からはじまる森林の炭素蓄積の経過を見ると、まず小さな稚樹が成長をはじめ、徐々に炭素は蓄積されていく。蓄積される速度ははじめのうちは決して速くはないが、幹や枝が伸び、そして葉量が増えるにつれて蓄積量は急速に増加していく。森林が壮年期に近づき、葉量がほぼ一定の状態になるころがピークである。壮齢の四〇年生のスギについてみると、一本に蓄積されている二酸化炭素は約三〇〇キログラムで、順調に成長すれば毎年九キログラムずつ吸収・蓄積されると試算されている。日本の一家庭から一年間に排出される二酸化炭素は約四五〇〇キログラムなので、このスギ一五本の蓄積量に相当し、五〇〇本前後のスギが育てば、一家庭から出る二酸化炭素はすべてスギ林に蓄積されていくことになる。しかし、そのピークのあと生産量は一定だが、幹や枝は引き続き増加し、それに伴って呼吸量も増えるので、正味の炭素吸収量はこんどは徐々に少なくなってくる。最終的には光合成による吸収量に呼吸による排出量が近づいてくる。さらに、枝や葉が枯れたり

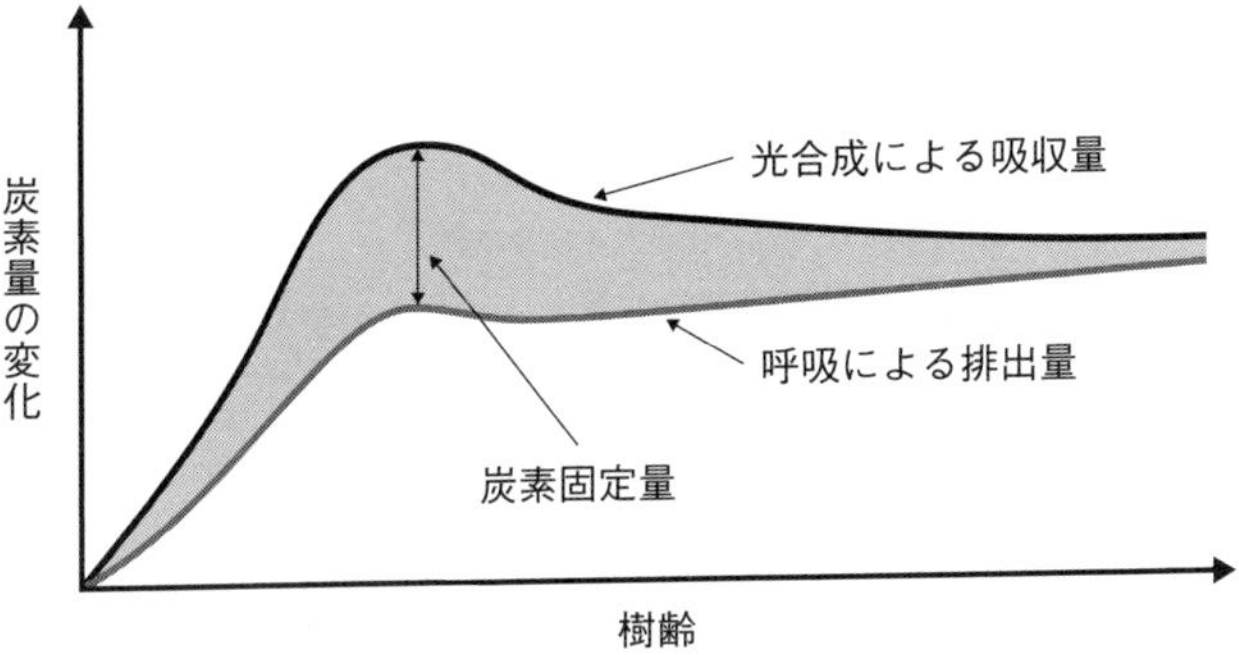

図5－1：森林の炭素吸収量と排出量の推移

食われたりしてなくなる量を差し引くと、二酸化炭素を新たに吸収することはほぼなくなり、炭素蓄積量はおおむね一定の状態になる。そんな過熟な老齢林になると、大量の炭素は貯蔵されているが、大気中の二酸化炭素の削減には寄与しなくなる。

林業による炭素隔離

森林の緩和機能のうち、炭素を貯蔵する機能はこのように限界があり、森林の最大現存量以上の貯蔵はできない。しかし、森林は林業活動によって木材を産出できる。化石燃料を使って温室効果ガスを排出している現場で、伐り出してきた木材が利用されると、森林による二酸化炭素の隔離機能が森林の外へ拡張される。木材を利用することで二酸化炭素の排出量を削減できることを図5－2に模式的に示す。この図では七五年ごとに森林は皆伐されるが、それまで森林の蓄積量が増えていく。伐採されると木製品として使われる分の他に、化石燃料や木材以外の原料の代替と

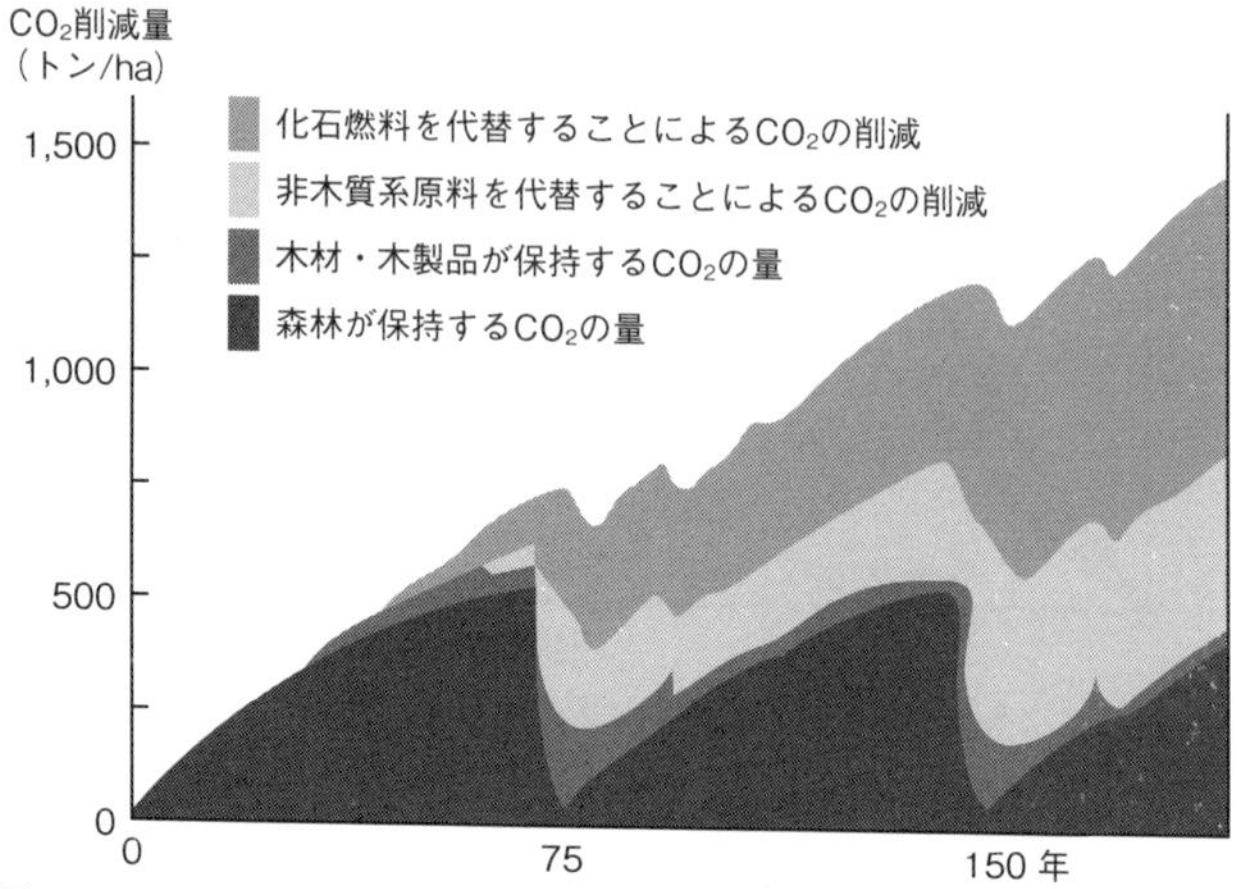

図5-2：森林の伐採利用と炭素排出削減量の推移
ヨーロッパでのノルウェイトウヒの造林によって達成されるCO_2の吸収と排出量の削減（累積CO_2トン／ha）
出典：Nabuurs, et al. 1995より

されて使われる木材が生産され、二酸化炭素の削減に寄与する。たとえば、プラスチックのトレーの代わりに昔から使われている木製のお盆が使われれば、石油製品に木製品が置き換わるので、生活の中に大気中の炭素が隔離され、さらにプラスチックを使わなかった分だけ化石燃料の使用量が減る。石油製品だけでなく、鉄橋や鉄塔の一部でも木材が使われるようになれば、鉄骨の製造過程での二酸化炭素排出量を減らせる。木造住宅はそのまま森林の外で炭素を数十年間貯蔵し続ける。したがって、住宅の耐久年数の向上は炭素の隔離期間を延ばすことになる。これらの木材がすべて分解して炭素が大気中に戻っても、もともと樹木が大気

中の二酸化炭素を固定したものであるから、カーボンニュートラルである。バイオマス発電の燃材として使われれば、伐出されたあとすぐに炭素は大気に戻るが、それでも化石燃料の使用量が減るので、ここでもその分だけ二酸化炭素の排出量は削減できる。しかも、木材を伐り出した跡地では植林によって再び炭素の蓄積がはじまっている。もちろんそれぞれの過程で動力や運搬に化石燃料が使われている分を勘案したうえで、木材利用の効果は評価されなければならない。

したがって、樹木を伐採して利用する林業が森林を破壊していると短絡的に考えてはいけない。林業によって持続的に利用されている森林は、木材や木質繊維さらにエネルギーを収穫物として安定的に生み出しながら、気候変動への緩和機能を発揮するマルチなサービスを提供できる生態系である。

木材生産を目的にした育林では、間伐で少しずつ本数密度を減らしながら、目的のサイズに達するとすべての木を収穫する主伐を行う。しかし、そのサイズにいつ達したのかを判断するのは簡単ではない。何十年も前から見てきた木は相変わらず同じところで育っていて、去年とそれほど大きさが変わったようには見えない。そろそろ収穫してみようかと思っても、それが今年なのか来年なのかをどうやって決めればいいのだろう。樹木はゆっくりと成長するので収穫の時期を判断するのが難しい。

林分を伐採する時期（伐期）を決めるのに最も簡単なのは、伐採によって得られる収入が最大になるようにすることである。木は大きくなるほど高額になるので、この伐期はたいへん長くなる。ただし、北山（京都府）の床柱《とこばしら》用のシボ丸太のように、一定の太さのときが最も高額になる場合は比較的短い伐期になる。一方、お金の収支は度外視して、森林が二酸化炭素を蓄積する効率を最大にするためには、年平均成長量（現存量／林齢）が最大になるときに収穫するのが理想的である。これも比較的短い周期で伐採することになる。しかし、毎年成長量を測定している林分はないので、実際の現場では地域ごと、樹種ごとにおおむね決まった個体サイズになれば伐採されている。

大規模な森林経営体では、毎年同じ量の生産が求められるので、伐採時期は所有・管理する森林の全体の蓄積量で決まってくる。そのため少々太くても細くても、経営的に必要なときに伐採される。一方、小さな山林所有者の場合、数十年に一度の収穫なので、一生に一度の大仕事である。森林経営の中での収穫と言うよりも、財産管理による資産運用という面が強い。したがって、世帯主が今年はうちの山の木を売るぞと決心するにはそれなりの事情が必要である。伐採の時期が家庭の事情によるとなれば、土地の生物生産量が最大になる伐期とか、経済的効果が最大になる伐期といった判断の入る余地がなくなる。家を建て替えるとか、子供が結婚するといったお金のかかるイベントに合わせた伐採になるので、地域の林業にとっては、毎年生産されてくる木材の量が予測できないし、安定しない。このことは、次項で触れる日本の森林管理が克服しなければならない大きな課題の一つである。

森林はこうした二酸化炭素の吸収・蓄積機能のほかに、土壌の発達を促すことで斜面を安定させ、林地の貯水能を向上させる。さらに、流出水量を平準化することで土砂災害を防止する。また、海岸林を整備することで台風や高潮への備えとなって、災害リスクが低下する。さらに生物多様性の保全など多くの生態系サービスを提供できることは、すでに第二章で述べた通りである。林業は森林生態系の持つそれらの多面的な機能をバランスよく発揮させる森林管理である。

3　日本の林業を取り巻く環境

世界の人工林の面積は二九四万平方キロメートルで、森林の総面積の七パーセントに過ぎないが、二〇〇〇年の世界の丸太供給量の三五パーセントはその人工林から生産されている。世界中で人工林がすでに主要な木材供給源となっていて、その持続的な管理が利用できる木材資源量を左右している。そのあたりの事情は日本でも変わらない。日本の森林の約四割の人工林から、国産材の八割近くが生産されている。その人工林の大半は戦後の動乱を乗り切るために一心不乱に植林され拡大してきた森林である。蓄積量は毎年増えているが、そのうちの四割足らずしか利用されていない。人工林を基盤とする日本の林業の現状と課題を見ていこう。

ウッドショック

近頃日本の建築業界を慌てさせ、我々のマイホーム計画に少なからぬ軌道修正を迫った事件が、二〇二一年初頭からはじまった木材価格の高騰である。オイルショックをもじって、ウッドショックと呼んでいるが、業界用語のようで、あまり一般的なものではない。原因は新型コロナの流行だと言えば、「風が吹けば桶屋が儲かる」のような話だが、風邪が流行れば棟梁《とうりょう》が職に溢《あぶ》れる、というのは洒落にならない。アメリカでは、新型コロナが流行したことで経済活動が停滞して、新設住宅着工戸数が減少するだろうと予想された。実際、当初は建設活動が停滞をはじめた。その変化を見越して、アメリカの製材業界は生産規模の縮小をはじめていたところ、先の大統領が景気刺激策として住宅ローンの金利の引き下げを行い、コロナ禍で在宅勤務が増えて時間に余裕のできたアメリカ市民がこぞって家の新築や増築をはじめた。その結果、アメリカでは未曽有の建設ブームとなり、大量の木材が必要となった。

一方、第二章で触れたように、中国では一九九八年に大洪水が発生したため、さっそく同年には長江および黄河の上流域の天然林の伐採を全面的に禁止する林業政策の大転換を行った。その結果、国内での木材の需給バランスが崩れ、中国は世界各地で木材の買い漁りをはじめた。二〇一九年度の中国の丸太・製材の輸入量は約一億立方メートルで、日本の総需要量を超えている。ちなみに、中国の針葉樹丸太の輸入量は世界の貿易量の四四パーセントを占めている。コロナ禍で世界全体の経済活動が停滞する中、アメリカと同様に、一時中国の輸入量も減少したが、いち早くコロナ禍から抜け出すと、輸入活動も活発になった。

　こうして世界中の木材がアメリカと中国によって高値で買い占められて、木材の価格が高騰した。木材価格が値上がりするだけなら、出費をどこまで我慢できるかという消費者の裁量にかかるが、輸送するためのコンテナ船も中国が大量に契約してしまって使えなくなったことによる品薄が追い打ちとなって、建設業者は新しい注文を受けられなくなった。

　さてここで不思議に思うのは、国土の六七パーセントを森林が占める世界有数の森林国の日本が、なぜ海外の木材需要の拡大で建築用木材に不足を来すことになったのかということである。このウッドショックはコロナ禍という特別な事情が世界で起こったせいだと考えるのがごく普通である。しかし、ウッドショックは突然事情が変化したための混乱ではなく、日本の木材需給体制の脆弱さがたまたまコロナ禍でのアメリカ政府の政策で顕在化したに過ぎないのだ。一九六四年の木材輸入自由化以来、日本社会が享受してきた安価な木材の便益からのしっぺ返しともいえる。有り体に言うなら、もっと早く、少なくとも四〇年ほど早くこの苦境に陥っていれば、日本の林業やその生産基盤となる森林は現在のようなていたらくにはなっていなかっただろう。

国産材の生産と外材輸入の推移

実は日本の二〇一九年の木材の自給率は三七・八パーセントしかない。これでもここ二〇年近く徐々に増えてきた結果で、最悪の年は二〇〇二年で、一八・八パーセントしかなかった。日本の木材の消費量は一九七〇年ごろから三〇年近く一年間に約一億立方メートルであった。国民は一人でだいたい一メートル角のさいころ一つ分の木を消費していたが、最近は七五〇〇万立方メートルまで減少している。さいころの中身は紙もあれば家具もあるが、多くは建築に使われている原木や合板である。そのさいころの七割から八割が外材で占められているというのは驚きだが、これは終戦直後の木材事情によるものだ。

第二次世界大戦によって二二〇万戸の家屋が失われ、その焼け跡から復興するためには大量の木材が必要とされた。しかし、戦時中に森林の生産力を度外視して行われた乱伐により、一九四八年当時は一・五万平方キロメートルの山地が荒廃し放置されてしまっていたし、そのせいで洪水や土砂崩れなどの自然災害が頻発し、道路や鉄道が被災して流通のインフラが機能しなくなっていた。そのため伐採も搬出もできず、市場に十分な量の木材を供給できなくなっていた。つまり、木材資源そのものが不足していたことに加えて、戦後の木材の供給体制の再建が遅れていたため、海外から木材を輸入するしか需要に応える術はなかった。しかし、当時の日本経済では、高価な木材を輸入するのは容易なことではなかった。少しでも安価な木材を市場に供給するために、経済成長が進むと共に、木材輸入の自由化を段階的に進め、一九六四年には全面自由化した。それから現在に至るまで、ほとんどの原木丸太や製材品は無税で輸入されてきている。それはあたかもその五二年後にはじまる環太平洋パートナーシップ協定（TP

図5-3：日本向けに船積みされるカナダ材

P）を先取りしたような感がある。

日本の木材消費量がピーク（一・二一億立方メートル）を迎えた一九七三年の国産材の生産量は四五〇〇万立方メートルほどしかなく、自給率は三七パーセントまで低下してしまっていた。一九七一年のスミソニアン協定で一ドル三六〇円の時代が終わり、七三年には変動相場制に移行、その後円高が進む。その結果、海外の製品が入手しやすくなったこともあって、外材の輸入が大きく伸びた。国産材と同質で、しかも安価で大量に供給される外材が国内市場を完全に席巻してしまい、木材価格は海外の木材需要に左右されることになった。やっと整いはじめた国産材の供給体制はこのとき崩壊したともいえる。

国産材生産体制の劣化

現在の国産材の生産量は三〇九九万立方メートルしかない。最盛期の半分以下になったのは、決して日本に伐採できる森林がなくなったからではない。現在は木材資源のなかった戦後とは違い、有りあまる森林資源を持てあましている。

日本の現在の森林資源がどれほどであるのかを見てみよう。日本の国土面積は三七・八万平方キロメートルで、そのうち森林は二五・一万平方キロメートルである。内訳は天然林が一三・五万平方キロメートル、人工林が一〇・二万平方キロメートルとなっている。残りは木の生えていない林地や竹林である。蓄積量は年々増加の一途を辿っていて、一九八六年から二〇一七年までの三一年間に、天然林は一五・〇億立方メートルから一九・三億立方メートルに、人工林に至っては一三・六億立方メートルから三三・一億立方メートルへと増加し、天然林の七六パーセント足らずの面積である人工林の蓄積量が、実に天然林の一・七倍となっている。一年間の増加量にすると、天然林は一四〇〇万立方メートル、人工林は六三〇〇万立方メートルほどで、人工林のほうが四倍以上よく成長している。

一年間の成長量が木材生産の最盛期の生産量を上回るほどの人工林があるのは、戦後の造林ブームのおかげである。荒廃した森林を復興させるために、一九五〇年から全国植樹祭がはじめられ、全国の荒廃してしまっていた林地へ積極的な森林造成が進められた。一九五七年になると、ブナ林などの広葉樹の天然林を伐採して、建築資材として有用なスギ、ヒノキの人工造

図5-4：拡大造林地
色の濃い部分がブナ林の中に造成されたスギ人工林

林を行う拡大造林が進められるようになり、一九六〇年代後半までに約四万平方キロメートルが造林された。それまで森林経営に携わったことがなかった小面積の林地しか持っていない農民も、多額の補助金によって自身の持山にスギやヒノキを植えることができたので、急速に日本の山は緑になった。

林業が他の産業と大きく違うところは生産に長期間を要することである。短くても三〇年、長ければ一〇〇年かけて木を育て、木材を市場に供給する。したがって、一九五〇年代にはじまった拡大造林が木材市場で効果を発揮するのは一九八〇年以降、ことによると二〇〇〇年ごろまで待たなければならなかった。それまでのあいだに、木材を伐り出せるような森林がどんどん少なくなってしまったため、木材の絶対量が不足して生産量が低下した。全体の生産量は少なくなっても、需要があって供給が減ることで価格が上がれば、林業生産の体制は維持されるはずである。しかし、前述のような外材の攻勢という外圧によって木材価格は低迷し、林業の生産活動と経済規模が縮小してしまい、林業の労働人口も減ってしまった。現在少し持ちなおしはじめているが、それでも一九八〇年には一四・六万人もいた林業従事者が、二〇一五年には四・五万人になってしまっている。さらに六五歳以上の労働者の占める割合は、一九八〇年は八パーセントであったが、二〇一五年は二五パーセントとなって著しく高齢化が進み、林業技術が継承されなくなっている。ちなみに、全国に七四校あった林業系の高等学校で、二〇〇八年に林業科が残っているのは五校になってしまった。日本の林業は負のスパイラルの中を勢いよく回って、いよいよ木材生産は縮小していっている。その結果、木材蓄積量に対する生産量の割合はたった〇・六パーセントとなっている。OECD（経済協力開発機構）加盟国のうち森林蓄積量の多い上位一五ヶ国（日本を含む）の平均が〇・八パーセントである。日本は一三位で、蓄積量に対する伐採量がたいへん少ない国である。

現在はすでに人工林の半分が五〇年生以上になっているので、主伐を行って大量に木材を生産できる状態にある。林業は植えて伐って植える産業である。伐らなければ事業は進まない。しかし、国産材価格の低迷により、主伐収入が伐採後の再造林費用を賄えなくなっている。たとえば、二〇一八年の統計資料によれば、一ヘクタールあたりの平均立木販売収入が九六万円であるのに対して、地拵え《じごしらえ》（伐採跡地を整地し、植え付けの準備をすること）や植え付け、下刈り（植栽した苗木が雑草に負けないように、植え付け後の数年間行う草刈り）などの造林費が一八〇万円もかかる。再造林補助として造林経費の七割ほどが補助されて、やっと手元に四〇万円ほど残ることになる。これではその後の間伐などの手入れが滞ってしまうので、伐採跡地が再造林されない場合が増えている。二〇一八年までの一〇年間に伐採された林分のうち、造林されたのは三七パーセントに過ぎず、伐採されたまま多くの林地が放棄されている。成長した森林を生かすべき時代にあって、日本の森林は日に日に荒廃していっている。主伐を控えて長伐期に移行する森林経営が増えてきている。そのほうが林地の保護には役立つが、そのため木材生産量はなかなか増えない。いったん嵌まってしまった負のスパイラルから抜け出すのは容易なことではない。

林齢が一〇〇年を超える高齢なスギ林でも、管理さえよければ樹高は毎年八〜一一センチメートル成長し、材積も増えるので、積極的な間伐による本数密度の調整を行えば、高齢林でもある程度は炭素固定が見込めることが最近明らかになってきた。

間伐は樹木の成長に合わせて本数密度を減らして、残った木の成長を促すので、森林管理のうちで最も重要な作業である。長い時間をかけて樹木を成長させる林業では、最後の主伐まで収入がないばかりか、保育のために何十年と資金を投入し続けなければならない。途中でお金が不足すれば間伐や枝打ちなどの保育ができない。これまでは密度調節のために伐り出す間伐材が売れたので、純益にはならないまでも、保育費用を賄い、将来の主伐に向けて林分の質を

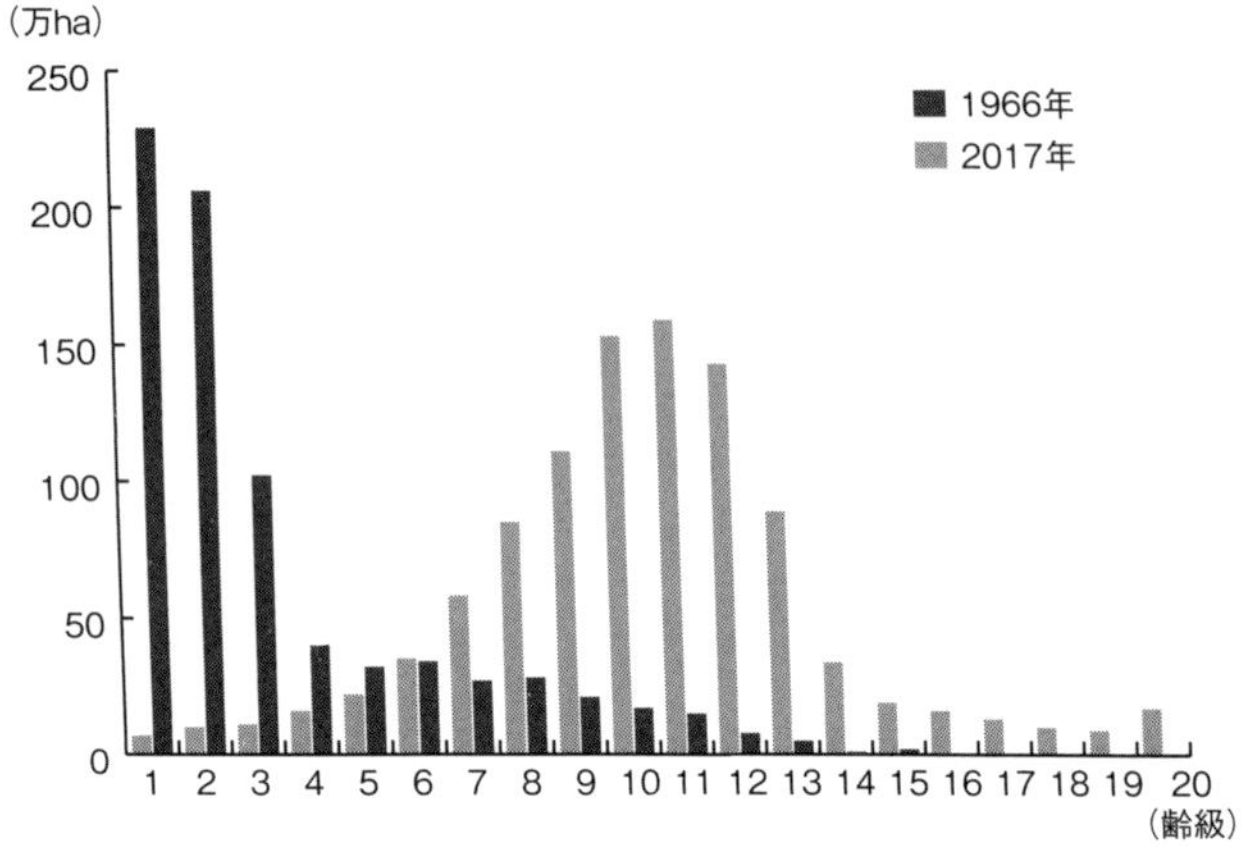

図5-5：日本の人工林の齢級構成の変化

齢級とは、林齢を5年ごとに区切った単位で、その年に植栽した苗木を1年生として、1〜5年生を「1齢級」とする。

出典：林野庁「森林資源の現況」(2017)、「日本の森林資源」(1968)より

向上させることができた。しかし、木材価格の低迷や建築現場で足場丸太が使われなくなったことなどで、間伐材が売れなくなっている。間伐が遅れると、樹木が生育不良になるし、林内が暗くなることで下草が生えなくなり、土壌が流出し、森林の水源涵養機能が低下したり、土砂崩壊の危険が増したりする。

バイオマス発電の燃料として間伐材が利用されるのは保育経費を確保するためには願ってもないことだが、利用される間伐木は燃料に加工しやすい比較的太いものに限られている。そのため、運搬費が出ないような細い木は伐倒したまま林内に放置しておく「切り捨て間伐」が増えている。間伐木は林内に放置されても、徐々に分解されながらも固定された炭素

は林床に留まるので、切り捨て間伐で林分の炭素蓄積量が増加する場合もある。搬出経費のかからない切り捨て間伐でこまめな立木密度の調整ができれば、主伐に向けて安価に林分の質を向上させられる。しかし、たいていの長伐期化は林分の手入れを行わないまま時間だけが過ぎていくので、樹木のサイズに比べて本数密度が高くなり過ぎて、せっかくの高齢で大型の樹木が生育不良で形質の悪い材になりかねないことが懸念されている。

伐採が進まないと植林も行われない。二〇一七年の時点で五〇年生以上の壮齢林以上の人工林は五・一万平方キロメートルもあるのに、二〇年生以下の若齢林は〇・四万平方キロメートルしかない。五一年前の一九六六年にはそれぞれ〇・三万平方キロメートルと五・八万平方キロメートルなので、逆転している。この五〇年間、伐採が行われなかったので、新しい育ち盛りの森林がなくなってきているのだ。日本は、人も山も少子高齢化で老人ばかりになっている。

毎年同じ量の木材を安定して供給するには、すべての年齢の林分がほぼ同じ面積ずつ存在する法正林《ほうせいりん》でなければならない。そこから毎年同じ面積を伐採して、跡地に植林していけば、木材の生産量も植林地の面積も一定になり、持続的で安定した木材供給体制ができあがる。しかし、現在の日本の森林構造はそれにはほど遠い歪んだ年齢分布となっている。

前述のウッドショックへの対応は、現在の有りあまる森林資源の利用を前提として善後策を検討すればよい。しかし、現在の森林の年齢構成のままで三〇年ほど経つと、伐採しやすい成熟林がなくなるので、次に再びウッドショックが来たときには、使える森林資源が限られた状態で対処しなければならないかもしれない。

林業の成長産業化は、停滞し萎縮していた林業を覚醒させ、将来を考えるきっかけとなっている。上記のような日本林業の現状を解決するには、漫然と木を育てているわけにはいかない。それぞれの林分の整備・管理・利用についての長期展望が求められている。産業が前面に出過ぎると、目先の利益に左右されて、かつての里山の二の舞になる危険がある。森林の利用は持続的で安定していて、しかも公益的機能の発揮を前提としたものでなければならない。日銭稼ぎにならないように自戒しながら、「成長」産業化を目指そう。

森林の炭素吸収と排出量削減

本項の末尾に、日本の森林の炭素吸収量について見てみよう。戦後の造林ブームの効果が現れる前の一九七〇年ごろまでは、森林が吸収する二酸化炭素量はほぼゼロと見なされている。人工林の林齢が二〇〜三〇年を越える一九八〇年ごろから二酸化炭素の吸収量は増えて、年間二三〇〇〜二四〇〇万トンと推計された。一九九〇年には日本の全森林の温室効果ガス吸収量は七八九三万トンとなり、二〇〇五年には九二五〇万トンまで増加した。日本の温室効果ガス総排出量は二〇一三年の一四・一億トンをピークに、年々減少し、二〇二〇には一一・五億トンとなった。しかし、吸収量は二〇〇五年を境に、その後は長期にわたって減少傾向が続いて、二〇二〇年には五七〇一万トンまで減ってしまった。しかも、日本の温室効果ガス排出量の抑制に計上できるのは京都議定書での計上方法に基づかなければならず、それによれば二〇二〇年の森林の吸収量は三八四九万トンとなる。これは前年より六パーセントほど少ない。

日本中の森林が高齢化したため、二酸化炭素を旺盛に吸収する年齢の森林が減ってしまった影響が大きく現れている。さらに、平均気温の上昇や、降水量や積雪量、積雪期間の変化など温暖化によるストレスが直接、日本の森林の生産力に影響した可能性もある。スギのように比較的湿潤な立地を好む樹種は、高齢になるほど耐乾性が低下して、気温の上昇によって先枯れを起こしやすくなり、生産力が低下する。したがって、森林の二酸化炭素吸収量を維持あるいは増加させてカーボンニュートラルを実現するには、森林の若返りを図らなければならない。林業で森林を目覚めさせなければならない。

しかし、この森林の吸収量は急に増やすことはできないので、二〇五〇年のカーボンニュートラルに向けては、排出量の九三パーセントを占めるエネルギー起源の二酸化炭素を削減するしかない。こう言うと削減目標の変更は森林に大きな影響はなかったように思われるが、そうは問屋が卸さない。エネルギー部門での排出量削減のためには、再生可能エネルギーの利用拡大が求められている。木材を利用し、化石燃料の代替をすることで二酸化炭素排出量の削減を目指すには、やはり林業の活性化が欠かせない。

これまで国産の燃材といえば精錬用の木炭や暖房用の薪炭であったが、燃料革命のあとの一九八〇年から二〇一三年までの生産量は総生産量の約二パーセントしかなかった。木質バイオマスの利用推進が叫ばれ、間伐材などがバイオマス発電などに利用されるようになったことで、二〇一四年から増加しはじめ、二〇二〇年には国産材供給量に占める燃材の割合は二三パーセントを越えるところまで急増した。

カーボンニュートラルの実現に向けて木質バイオマスエネルギーの利用を増やすことは、木材の利用量が増えて、林業の活性化と森林の整備が進み、木材生産にはいいこと尽くめのように思えるが、新しい利用分野の拡大には困難も伴う。二〇一九年の時点で稼働しているバイオマス発電施設は四〇〇万kW（キロワット）で、日本の全発電量の二・六パーセントにあたる二六二億kWh（キロワットアワー）の発電が行われている。ちなみに、太陽光や風力などを加えた再生可能エネルギーによる総発電量は一八五三億kWhで、全体の一八パーセントである。

バイオマス発電の燃料は間伐材や製材時の残材などの未利用材のほか、建設資材の廃棄物や、一般木材を熱処理したオイルやアブラヤシの実から得られる植物油（パーム油）などを原料としたバイオマス液体燃料などである。バイオマス発電や薪ストーブの普及で燃材の需要が増加する傾向は今後も続くと考えられる。それでも、二〇一八年に発電に使われた間伐材の量は六二四万立方メートルで、総生産量の一〇パーセント足らずである。しかも、間伐材の生産量には限界があり、六〇〇万立方メートルがほぼ上限ではないかと考えられている。それ以上の燃材が必要になれば、残りは一般木材が燃材として利用されることになる。

バイオマス発電の原価に占める燃料費（搬出費、運搬費、加工費）の割合は約七割と極めて大

図5-6：主に間伐材を使用するバイオマス発電所

きく、その半分は運搬費である。水を含んで重い生木が原料のバイオマス発電は、化石燃料と比べると、発電量あたりの運搬費が高額になる。当然、山から発電所までの距離が長くなれば原料の調達コストが大きくなるし、輸送費が上がれば運べる距離は短くなる。したがって、集められる範囲には限界があって、遠くの間伐材は使えない。効率の高い発電を行うには、運搬コストをかけなくてもすむように、小さなコミュニティの中の地産地消で実施するしかない。

バイオマス発電と同様に、固定価格買い取り制度に依存して進められてきた太陽光発電の巨大なソーラーパネルが近年、土砂崩れや光害などさまざまな環境問題を引き起こしていることは、他山の石としなければならない。バイオマス発電施設を稼働させ続けるためには、毎年同じ量の燃料が必要である。しかし、地域の木材生産量は年によって不規則に変動するので、不足した燃料を無理矢理収穫すると、発電所の周辺の森林を荒廃させることになる。こうした事情もあって、一般木材やバイオマス液体燃料を使う発電施設の七六パーセントは国内資源だけでは燃料を賄えず、パーム油や椰子殻などの輸入原料に頼っている。輸入が安定している限り、一定量の発電は保証されるが、ウッドショックを待つまでもなく、為替相場も含めて海外の資源事情は常に不測の事態が懸念される。海外資源に依存した発電は供給の安定性や持続性に不安定要素を抱えている。バイオマス発電にも、よく検討して解決しなければならない課題は多い。

4　森林の統合的管理

森林の構造改革

日本の居住地周辺の山地は里山として過度に利用し続けられた長い歴史と、第二次世界大戦中の無計画な伐採のために著しく荒廃した。まず荒廃した里山での植林が行われ、次に里山よりさらに奥山の、これまで炭焼きに利用するぐらいしか人の手が入っていなかった広葉樹天然林で、大規模な針葉樹造林が拡大造林の名の下に実施された。今その森林が過熟林分となって木材生産の足かせとなっているのは皮肉なことであり、残念なことである。拡大造林では森林を保安林と普通林に区別し、普通林は木材生産に特化させて、国土保全上の役割を課さなかった。それでも、山地の崩壊が阻止されたところも少なくなかったが、公益的機能への配慮が足らず、その後の山地荒廃を招いたところも多い。拡大造林によって木材蓄積量は増加したが、広葉樹天然林が大規模に伐採されてしまったことで、貴重な森林資源を失った。もしそのまま維持するか、適切に天然林施業が続けられていれば、公益的機能を発揮しながら広葉樹材が生産できたものを、みすみす伐り捨ててしまったことは返す返すも口惜しいことである。

荒廃地の修復と戦後復興に向けての木材不足解消のため、拡大造林はその当時は必要なものと考えられた。しかし、農業の開墾と同じように、それまで生産に使われていなかった土地で新しく林業生産を行う、という程度の認識の下で、必要以上に広葉樹林の伐採と針葉樹による人工林化が進められた。広い視野からの長期の需給バランスについてのビジョンを持った必要量の検討がされていたとはいえない。その反動として現在は、針葉樹人工林の造成は失敗で、天然林に近い広葉樹林の再生が急務であると、広葉樹林の必要性がことさらに叫ばれている。しかし、拡大造林のときと同じように、そんな要求は日本の森林の将来についての明確なビジョンがあってのことではない。今回も、場当たり的に森林の作り替えを求めているに過ぎない。

日本の林業は、長く生産規模の縮小が続いたために、生産体制が萎縮してしまっている。人工の針葉樹林に厳しい目が向けられるのは人工林が有効に利用されてこなかったためである。かつての林業の活力を取り戻さなければならない。その手始めは、唯一の収入源であるところの今ある森林資源を伐り出して、林業のサイクルを回しはじめることである。これまでは木材

図5-7：大台ヶ原のシカによる食害（中島氏提供）

価格の低迷により伐出原価が販売価格を上回っていたので、売ってももうけが出ないから伐れなかった。バイオマス発電による燃材需要の増加や世界的な木材需給の逼迫による価格の上昇は、そういう状況を克服するきっかけになることが期待される。

しかし、歯車が回りはじめればすぐにバラ色の経営が待っているわけではない。収入が入ってくれば、持続的な林業のための環境整備も生産基盤である森林の改造も進めることができるが、木材生産がはじまれば日本の林業の前近代的な非効率性も見えてくる。即刻克服しなければならない、植林地でのシカの食害のような課題も顕在化してくる。課題を的確に把握し克服するための投資を惜しまず、その上で社会が求める木材を生産するという、ごく当たり前の企業経営の姿勢が必要である。

シカの食害は、大台《おおだい》ヶ原《がはら》のトウヒ林がササ原になってしまっているのが有名であるが、日本各地でシカによる食害で森林は破壊されている。シカは立木の樹皮を食べるだけでなく、植林したての苗木をみんな食べてしまうので、植林地は「権兵衛が種蒔きゃカラスがほじくる」状態である。植林を成功させるためには食害防止ネットや柵を設置しなければならず、経費がかさむので、伐採跡地にまったく植林ができないところも多い。シカの食害が増えたのはシカが増えたからである。自然保護の意識が高くなると共に、狭い日本の中での狩猟への嫌悪感が増し、猟師の数が減って、野生獣の捕獲頭数が減少してしまった。天敵のオオカミはすでに絶滅してしまっているので、シカはこの世の春を満喫している。狩猟を復活させて野生獣の頭数制限を進めなければならないだろう。ジビエの普及はそのための一つの突破口である。

人工林の管理方法についても、消費者のニーズを見ていなければならない。日本のかつての著名な林業地は必ず近くに木材消費地があって、地域の家や家具そして地場産業が使う木材や木製品の需要に合わせた素材生産が行われていた。木材生産体制は消費地の需要を満たすことを目的として成立していたので、川下（消費者）が川上の生産物（木材）に注文を出し、生産基盤（森林）を造り上げるために地域ごとに特色ある林業技術が発達していた。しかし、今は川下の求めるものを川上が作れなくなっている。これまでの旧態依然とした生産体制を墨守し、売れない高級木材だけを生産しているようでは、需要の変化には対応できない。この硬直した生産理念が続く限り、川下は素材を海外に求めることになる。外材輸入の自由化がそれを後押ししてきたとはいえ、尻を持ち込む先は自分たちの生産体制でしかない。移ろいやすい消費者のニーズに合わせて林産物を変化させることは容易なことではないとしても、少なくとも流通させることのできる製品の情報を提供できる程度には、持山が抱えている木材の在庫管理はしておかなければならない。

老齢過熟な林分は多くの炭素を蓄積していても、二酸化炭素を吸収する能力はすでに限界に達している。理想論としての目標を述べるなら、そんな老齢林は速やかに伐り出して売り払い、その収入で植えなおせば、二酸化炭素の吸収効率の高い成長途上の林分を拡大できる。さらに、将来は持続性のある林業経営ができるように、すなわち社会のニーズに応えられる木材を常に安定して供給できる生産体制を整えるために、森林の法正林化を目指せる。しかし繰り返しになるが、樹木は成長に非常に長い時間がかかるので、林業の体制整備には長い時間がかかる。しかも、森林は取り扱いを誤るとその影響は長期に及ぶので、森林を改造するのは並大抵のことではない。衆知を集めて、遠い将来の森林の管理・経営を俯瞰したビジョンの構築が欠かせないが、同時にいったん決めたビジョンは簡単に変えてはいけない。経営の方針は維持することが大事だ。「継続は力なり」は、森林育成にこそ求められる取り組み方である。

森林は経済的機能と公益的機能が共存できる自然資源である。木材の生産を主とする森林でも、適正な取り扱いをすれば自ずと公益的機能も発揮させられる。間伐や枝打ちなど林内環境の整備により森林を強靭化して防災機能を強化すれば、地球環境の劣化と正面から切り結べる公益性の高い林業生産目標を立てることができる。人工林であっても公益的機能を高めれば、豊かな森林資源をさらに生かすことができる。

公益的機能を主とする森林においても、その目標は単なる観光や信仰、自然保護の場としてだけではなく、深根性樹木《しんこんせい》（根系が地中深くまで伸びる樹種）の導入による森林の強靱化で温暖化による洪水や台風の規模拡大に対抗する防災強化など、地球環境の保全に正面から取り組める森林育成目標を立てることができる。天然林にも二酸化炭素を吸収する能力の向上を求めるなら、生育途上の天然林を増やすための天然林施業が欠かせないし、天然林からの木材生産は森林の二酸化炭素隔離機能を森林の外へ拡張することになる。

経営の統合

国産材価格が外材の価格に左右されているようでは、国内の需給バランスの調整を国産材に求めることはできない。ＴＰＰに似た、あるいはＴＰＰに先立つ外国製品の洪水で国内産業が壊滅したのが日本の林業である。木材は関税なしで外国製品と戦っている一次産品である。すべての林業政策はその桎梏《しっこく》を打破するためのものでなくてはならない。温暖化対策として再生可能エネルギーが注目されている現在、国際的な規模で木材資源の争奪戦が激化することが予想される。今般のウッドショックはその劈頭《へきとう》であり、外材の価格高騰は今後も起こりうる。ウッドショックは国産材の生産拡大と森林構造の適正化を進めるための奇貨となるかもしれない。

図5-8：森林の伐採現場

幸運の女神の前髪をつかむには、CLT（直交集成板）のような新しい素材の開発とそのための市場開拓および流通経路の確保など、持続的な林業の発展につながる生産体制をあらかじめ整備しておかなければならない。

　森林の所有規模が小さな農家林業では、数十年に一度の間隔でしか木材は生産されない。しかも、伐採時期は生産者の家庭の事情で決まるため、供給量の予測ができないので、小規模な経営体では生産の安定性が担保されない。供給量が安定することは林業の成長産業化のためには欠かせないことである。毎年同量同質の木材を生産し、さらに市場の動向に対応した生産調整ができる供給体制が求められている。そのためには経営の大規模化、すなわち経営する森林面積の拡大が最も有効である。森林を買収統合して所有権を集中させせるのは容易なことではないので、所有権はそのままにして、管理する森林の統合・拡大を進め、大規模森林経営を行える事業体を組織するのが望ましい。個々の小規模な森林所有者が、市町村の仲介を受けるなどして、森林の経営管理を林業経営事業体に委託し、地域の森林を統合的に管理・経営すれば、持続的で戦略的な林業が展開できる。実際そういう試みは増えているし、その結果、地域の木材生産量が安定すると共に、林業労働者に通年雇用を提供できるような合理的な作業計画が実施できるようになっている。

これではまるでソ連という国があったころのコルホーズ（集団農場）の宣伝文句のようだが、林業という産業にはそういう面がある。どこかで効率を度外視して、森林の利用方法や生産の方針をかたくなに堅持する管理がなければならない。したがって、日本で本当の林業ができるのは、広大な森林を統合的に管理し、しかも必ずしも利潤追求をしなくてもいい国有林しかないとも言える。しかし、国有林はときの社会経済的要求に応じる形で生産量を変動させてきたため、現在は安定した生産を維持できる体制にはなっていない。日本の森林の六九パーセントを占める民有林で、地球環境を保全しながら木材を生産する林業の再生が求められている。そのためには、管理経営を長期間受託する現代版林業コルホーズが適していると思う。

ただし、現在の小規模所有者の森林はどれも同じような林齢のものばかりなので、それらをいくら集めても年齢構成は歪んでいて、法正林にはほど遠いものである。持続的な林業が行える森林構造を構築するには、数十年にわたって一貫した森林改造を続けなければならない。長期目標を堅持し続ける事業体を維持するためには、税制などを含めて長い目で見守る経済的支援が欠かせない。

最後にもう一度言うなら、樹木は成長するときに炭素を体内に蓄積する。大気中から効率よく、そして急速に二酸化炭素を隔離するためには、旺盛に成長する森林が必要である。森林に蓄積した炭素は、木材を用材として利用している限り大気に戻らないし、木製品が化石燃料の代わりをすれば二酸化炭素の排出量の削減に貢献する。林業は、森林を健全に管理することで、人々が木の文化の中で生活を営むための基本資材である木材を提供すると共に、自然環境を含めた生活域を大きく保全し、同時にさまざまな便益を自然界に提供する産業である。使ってないぼの森林は、林業活動によって目覚める環境保全システムである。

世界中の森林が持続的に利用されて、地球環境の保全に欠かせない役割を果たしてくれることを望む。

おわりに

昔はもっと寒かったとか暑かったと言っても、昔なら火鉢はあってもクーラーはなかったし、家の建て方も今と昔ではまったく違うので、簡単には比較できない。家に扇風機は一台しかなく、暑くてやりきれない西日にさらされて、水を張ったバケツに足を突っ込んで受験勉強をしていたころは、今とは体力も気力も違う。何よりも記憶が薄れているのだから、今と当時の気候の違いを伝えることは無理である。浮世絵で江戸の庶民がふんどしで働き、行水で暑さをしのいでいるのを見て異なものと感じたが、振り返れば、私の青年時代もすでに異なものと成り果てている。だとすれば、今を悲観することも、昔を懐かしむことも詮ないことである。穏やかで豊かな明日を、ただ追い求めるしかない。

農地の作柄や草原の草丈で年々の気候の変化を知る人々も、今日はこの夏一番の暑さだというニュースを街角で聞いて初めて天気の異変に気づく人々も、暮らし向きを左前にしかねない気候変動を、同じ地球の上で共に生み出し、そしてその影響を共にまるごと受けて暮らしている。沈みかけた船では、一等船室が二等船室より安全であるとは言えない。幸い、我々は森林という頼りになる生態系とまだ一緒に暮らしている。気候変動で劣化した森林に対して、対策技術を持つ者は現地を知る者から彼らの知見を学び、現場では技術の限界を精査し、その情報をフィードバックできれば、少年の日に憧れた鞍馬天狗《くらまてんぐ》のように、森林生態系はきっと我々の強い味方になってくれるだろう。手元が滑って足下のバケツの中に辞書を落としてしまったのは苦い思い出だが、あのころの未来への漠とした希望を思い出して、力一杯鐘を鳴らしてみたのが本書である。読者諸兄姉にはどんな音色に聞こえただろうか。

本書の内容について、中村徹氏（筑波大学名誉教授）、二井一禎氏（京都大学名誉教授）、鎌田直人氏（東京大学教授）に示唆に富む助言をいただいた。また、中島敦司氏（和歌山大学教授）、竹内真一氏（東海大学教授）、橘隆一氏（東京農業大学教授）そして服部俊也氏（服部興業株式会社社長）からは貴重な写真を提供していただいた。皆さんに厚くお礼を申し上げる。さらに、出版まで効率よく原稿の整理を進めていただいた中公新書編集部の楊木文祥氏に感謝する。

三〇年以上世界各地の森林を訪ね歩いてきた結果、本書をまとめることができた。それは今流行りの「イノベーションに直結する研究」とは対極の、好奇心だけがエンジンの研究活動だった。そんなことを容認してくれた恩師、先輩、同輩諸氏に感謝すると共に、いつもあきれ顔で送り出してくれた妻玲子に感謝する。

二〇二二年九月

吉川　賢

用語解説

森と林　諸説あるが、「盛り」と「生やし」が両者の語源だとすれば、大規模で多くの樹木が集まっているのが「森」で、規模の小さいものが「林」という連想が成り立ちやすい。文化史の見地から、その用法の違いを指摘する向きもあるが、現在は両者ともはっきりした区別なく使われているのが現状である。

植生　ある場所に生育している植物の集団全体を指す。全体的な外観で捉えたものは「相観」と呼ばれる。

遷移　ある場所の植生が自然に移り変わっていく現象が「生態遷移」である。遷移は長い時間をかけて進むが、一定の順序があり、その順序を「遷移系列」と呼ぶ。最初期の裸地に、はじめに定着・生育できる樹木を「先駆樹種」、遷移が進行し、その場所で最終的に到達する植物群落を「極相」という。

優占種　その地方の気候や土壌条件に適応し、旺盛な成長を続け、その植物群落を特徴づける植物。

林分　樹種、樹齢、生育状態などがほぼ一様で、隣接するほかの森林と区別がつくひとかたまりの森林。

林床　森林の地表面のこと。森林の発達段階によって状態は異なるが、通常は落葉・落枝（リター）によって覆われている。

樹冠　樹木の枝と葉の集まり。樹冠の先端部分は「梢端」と呼ばれる。

林冠　高木層の樹冠の連なり。上空から見て林床が見えない状態は「閉鎖」といい、樹冠のあいだが開いている状態を「疎開」という。

林縁　裸地や草地など、森林以外の植生と接している森林の辺縁部。林外からの影響を受ける特有の環境条件になる。

林地　森林が占める土地と土壌のこと。すなわち「森林」は、林地とそこに生育する林木の総称である。

立木　林地に生育する個々の樹木。

主伐と更新　利用できる時期（伐期）に達した立木を伐採することを「主伐」といい、次世代の樹木の育成（更新）をともなう。

植栽・枝打ち・間伐　「植栽」は、苗畑で育苗した苗木を林地に植えること。その後、周りの下草に負けないように毎年、植栽木以外の雑草を下刈りする。樹木が生長するにつれて、無節の材を生産するために、樹幹の下部の枝を切り落とす。これを「枝打ち」という。林冠が閉鎖した後は、個体間競争を緩和し、成長を促進するために抜き伐りをする。これが「間伐」である。

萌芽　幹が伐られたり折れたりした後で、切株や根から芽が成長してくること。この萌芽枝を使って次世代森林を作るのが「萌芽更新」である。

休眠打破　休眠状態にある種子、冬芽などが、冬季の一定期間の低温など、ある特定の刺激を受けて活動状態になること。

展葉　植物が新しい葉を広げること。

師部　樹皮の内側にあって、師管、師部繊維、師部柔組織などから成り、葉で生成された同化産物や代謝産物を根や幹、その他の部位に転流する組織。

木部　道管、木部繊維、木部柔組織などで形成された複合組織。根で吸収された水などの通路となり、水や養分を貯蔵する他、樹体の機械的強度を担う。木部と師部をあわせて「維管束」という。

心材と辺材　樹木は肥大成長をするにつれて、中心部から順次生活機能を失って死細胞となる。樹幹中心部で生きた細胞が全く存在しない部分を「心材」、心材の外側で師部、木部などの生きた細胞が存在する部分を「辺材」という。

材密度　木材の体積当たりの重量。水分状態の異なる生材、気乾材、全乾材で密度は異なるが、木材は細胞間隙や空隙などさまざまな構造を持つため、体積当たりの重量がしばしば材質を表す。

ストレス　生物が環境条件に適応できる範囲は限られており、その範囲を超えた条件の下で受ける負荷のことを「ストレス」と呼ぶ。たとえば、生存に適した温度域があり、それより低温でも高温でもストレスとなる。

常緑樹と落葉樹　一年を通じて葉をつけていて、全ての葉が落ちる季節を持たないものを「常緑樹」、秋から冬などストレスの多い時期に全ての葉を落としてしまうものを「落葉樹」と呼ぶ。

針葉樹と広葉樹　「針葉樹」は裸子植物のうちの球果植物の樹木で、マツ、モミ、トウヒなどのように葉が針形のものや、マキやナギのような披針形、さらに小さな鱗片状の葉を持つヒノキなどを含む。英語の conifer はラテン語の conifer（球果のある）が語源。「広葉樹」は葉が広く平たい被子植物に属する樹木。

照葉樹　シイ類、カシ類、クスノキ、ツバキなどの常緑広葉樹で、葉が暗緑色で厚く、葉の表面にクチクラ層（分泌物による硬い保護膜の層）を発達させている樹木のこと。クチクラ層が日光を受けて光るため、「照葉樹」と呼ばれる。

陽樹と陰樹　日の当たる明るいところを好む樹種を「陽樹」、暗いところでも生育できる樹種を「陰樹」という。あるいは、若いころの耐陰性が高い樹木を「陰樹」、反対に低い樹木を「陽樹」という場合もある。

深根性樹木　樹木の根には、水平に伸びる「水平根」と垂直に伸びる「直根」がある。マツやモミのように、直根が特に発達したものを「深根性樹木」といい、土中深くの水を利用できるため、乾燥ストレスに強い。どちらの根も、先端部分には水分や養分を吸収するための吸収根が発達する。

高木と灌木　樹高が高く（概ね五メートル以上）、幹と枝の区別のつくものが「高木」。樹高が高くならず、幹と枝の区別のつきにくいものが「灌木」（「低木」ともいう）。

大径木　胸高直径（高さ一・三メートルの部分の直径）が七〇センチメートル以上の樹木、あるいは末口直径（細い側の直径）が三〇センチメートル以上の丸太のこと。

用材と燃材　樹木を伐倒し枝を落とした丸太を「原木」あるいは「素材」という。原木を製材（角材や板材）や合板類、あるいはチップとするものは「用材」、薪や炭、ペレットなどの燃料用にするものは「燃材」と呼ばれる。

純林と混交林　一種類の樹種で成立している森林が「純林」であり、性質の異なる二種類以上の樹木が混じって生育する森林が「混交林」である。ただし、ここでいう樹種には用材の対象とならない下木類は含まない。

天然林と二次林　人為が加わらず、あるいは人為の加わり方が軽微で、ほとんど天然な状態で成立している森林を「天然林」という。対して、その土地本来の自然植生が災害や人為によって破壊された跡地に成立している森林が「二次林」である。

里地里山　集落の周りで人々の働きかけによって造りあげられた二次林を「里山」、里山に混在する農地、ため池、草原などを「里地」という。両者をあわせて「里地里山」と呼ぶ。

人工林　災害や伐採で消失した後、植栽や人為による更新で成立した森林。

水源涵養林　河川の源流部や上流部にあり、流出量の平準化、水質の浄化、洪水の緩和など、水源涵養機能の発揮が期待される森林。

法正林　伐期までの各年齢の立木が同面積ずつ存在し、毎年均等な材積収穫ができる状態にある森林が法正林。森林の生産力が一定に維持され、持続的に森林経営を行える。

バイオマス　特定の時点で、ある空間に存在する生物（バイオ）の物質量（マス）。「バイオマス」の語は現存量を指して使われることもあり、生物由来の資源を指すこともある。

クロロフィル　光合成を行うために光エネルギーを効率よく吸収し、化学エネルギーに変換する化学物質。「葉緑素」ともいう。

DDT　日本ではすでに使用が禁止されている残留毒性の強い有機合成殺虫剤。レイチェル・カーソンの『沈黙の春』で有名。

柿嶋聡ほか（2019）「熱帯雨林の多種共存と動物による確率的な種子散布」『植物科学最前線』10: 39-48
熊崎実（1991）「熱帯林の破壊とその影響」『オペレーションズ・リサーチ：経営の科学』36: 235-240
関口秀夫（2015）「生物多様性と固有種の関係をめぐる若干の考察」『日本動物分類学会誌』38: 42-56
M. T. タイリー・M. H. ツィンマーマン著、内海泰弘・古賀信也・梅林利弘訳（2007）『植物の木部構造と水移動様式』シュプリンガー・ジャパン

第四章

太田猛彦（2012）『森林飽和：国土の変貌を考える』NHKブックス
朱宮丈晴ほか（2013）「照葉樹林生態系を地域と共に守る：宮崎県綾町での取り組みから」『保全生態学研究』18: 225-238
徳地直子ほか（2010）「里山の植生変化と物質循環：竹林拡大に関する天王山における事例」『水利科学』312: 90-103
丸岡知浩・伊藤久徳（2009）「わが国のサクラ（ソメイヨシノ）の開花に対する地球温暖化の影響」『農業気象』65: 283-296
大和万里子・山田利博・鈴木和夫（2001）「ナラ類の萎凋枯死と通水阻害」『東京大学農学部演習林報告』106: 69-76
Futai, K.（2013）Pine wood nematode, *Bursaphelenchus xylophilus*. *Annu. Rev. Phytopathol*. 51: 61-83

第五章

谷本丈夫（2006）「明治期から平成までの造林技術の変遷とその時代背景：特に戦後の拡大造林技術の展開とその功罪」『森林立地』48: 57-62
林野庁（2022）令和３年度森林・林業白書
Austin, K.G. et al.（2020）The economic costs of planting, preserving, and managing the world's forests to mitigate climate change. *Nature communications* 11. URL: https://doi.org/10.1038/s41467-020-19578-z
Nabuurs, G. J. and Sikkema, R.（1995）Forests and wood consumption on the carbon balance: Carbon emission reduction by use of wood products. *Studies in Environmental Science*. 65:1137-1142

参考文献

全般

三枝信子・柴田英昭編（2019）『森林と地球環境変動』共立出版
FAO（2021）*FAO Yearbook of Forest Products 2019*
FAO（2020）*Global Forest Resources Assessment 2020*
Ffolliott, P.F. et al.（1994）*Dryland Forestry: Planning and Management*. John Wiley & Sons Inc.

序章

飯泉茂編（1991）『ファイアーエコロジー：火の生態学』東海大学出版会
Berrahmouni, N., Regato, P. and Parfondry, M.（2015）*Global guidelines for the restoration of degraded forests and landscapes in drylands*. FAO

第一章

江上邦博・内山隆（2007）「気候変動に対する植生の応答（II）GISを用いた植生応答の時間空間変化に関する研究」『千葉経済大学短期大学部研究紀要』3: 19-28
酒井昭（1995）『植物の分布と環境適応：熱帯から極地・砂漠へ』朝倉書店
中静透（2015）「気候変動に伴う生態系影響と適応」『森林環境』2015: 7-16
福田正己（1990）「永久凍土と気候」『天気』37: 736-741

第二章

阿部正昭（1962）『大山林地主の成立：商人資本による山林所有の成立過程』日本林業調査会
岩城英夫編（1979）『植物生態学講座３　群落の機能と生産』朝倉書店
国連ミレニアムエコシステム評価編、横浜国立大学21世紀COE翻訳委員会監訳（2007）『生態系サービスと人類の将来』オーム社
吉川賢・山中典和・大手信人編著（2004）『乾燥地の自然と緑化：砂漠化地域の生態系修復に向けて』共立出版
吉川賢（2022）『乾燥地林：知られざる実態と砂漠化の危機』京都大学学術出版会

第３章

安立美奈子・伊藤昭彦（2015）「熱帯林の土地利用変化に伴う生態系サービスの変化」『日本生態学会誌』65: 135-143

吉川 賢（よしかわ・けん）

1949年（昭和24年）奈良県生まれ．1978年，京都大学大学院博士課程修了．高知大学農学部講師，内蒙古農業大学客員教授，岡山大学農学部教授，同大学大学院環境科学研究科研究科長，同大学地域総合研究センター特任教授を歴任．岡山大学名誉教授．その間，日本沙漠学会会長．日本緑化工学会理事，国際緑化推進センター理事，日中韓3カ国黄砂問題共同研究運営委員会委員，黄砂問題検討会委員をはじめ，環境省・農水省などの委員を歴任．

著書『砂漠化防止への挑戦』（中公新書，1998，日刊工業新聞技術・科学図書文化賞優秀賞）
『乾燥地の自然と緑化』（編著，共立出版，2004）
『風に追われ水が蝕む中国の大地』（編著，学報社，2011）
『沙漠学事典』（編集代表，丸善出版，2020）
『乾燥地林』（京都大学学術出版会，2022）
ほか

森林《しんりん》に何《なに》が起《お》きているのか
中公新書 *2732*

2022年12月25日発行

著 者 吉 川 賢
発行者 安 部 順 一

本文印刷 暁 印 刷
カバー印刷 大熊整美堂
製 本 小 泉 製 本

発行所 中央公論新社
〒100-8152
東京都千代田区大手町1-7-1
電話 販売 03-5299-1730
編集 03-5299-1830
URL https://www.chuko.co.jp/

Published by CHUOKORON-SHINSHA, INC.
Printed in Japan ISBN978-4-12-102732-0 C1261

中公新書刊行のことば

いまからちょうど五世紀まえ、グーテンベルクが近代印刷術を発明したとき、書物の大量生産は潜在的可能性を獲得し、いまからちょうど一世紀まえ、世界のおもな文明国で義務教育制度が採用されたとき、書物の大量需要の潜在性が形成された。この二つの潜在性がはげしく現実化したのが現代である。

いまや、書物によって視野を拡大し、変りゆく世界に豊かに対応しようとする強い要求を私たちは抑えることができない。この要求にこたえる義務を、今日の書物は背負っている。だが、その義務は、たんに専門的知識の通俗化をはかることによって果たされるものでもなく、通俗的好奇心にうったえて、いたずらに発行部数の巨大さを誇ることによって果たされるものでもない。現代を真摯に生きようとする読者に、真に知るに価いする知識だけを選びだして提供すること、これが中公新書の最大の目標である。

私たちは、知識として錯覚しているものによってしばしば動かされ、裏切られる。私たちは、作為によってあたえられた知識のうえに生きることがあまりに多く、ゆるぎない事実を通して思索することがあまりにすくない。中公新書が、その一貫した特色として自らに課すものは、この事実のみの持つ無条件の説得力を発揮させることである。現代にあらたな意味を投げかけるべく待機している過去の歴史的事実もまた、中公新書によって数多く発掘されるであろう。

中公新書は、現代を自らの眼で見つめようとする、逞しい知的な読者の活力となることを欲している。

一九六二年一一月

中公新書

科学・技術

p1

- 2547 科学技術の現代史　佐藤　靖
- 1843 科学者という仕事　酒井邦嘉
- 2375 科学という考え方　酒井邦嘉
- 2373 研究不正　黒木登志夫
- 2007 物語　数学の歴史　加藤文元
- 1912 数学する精神（増補版）　加藤文元
- 1690 科学史年表（増補版）　小山慶太
- 2476 〈どんでん返し〉の科学史　小山慶太
- 2685 ブラックホール　二間瀬敏史
- 2676 地球外生命　小林憲正
- 2507 宇宙はどこまで行けるか　小泉宏之
- 2352 宇宙飛行士という仕事　柳川孝二
- 2089 カラー版　小惑星探査機はやぶさ　川口淳一郎
- 2560 月はすごい　佐伯和人
- 1566 月をめざした二人の科学者　的川泰宣
- 2398 2399 2400 地球の歴史（上中下）　鎌田浩毅
- 2520 気象予報と防災―予報官の道　永澤義嗣
- 2588 日本の航空産業　渋武　容
- 1948 電車の運転　宇田賢吉
- 2384 ビッグデータと人工知能　西垣　通
- 2564 統計分布を知れば世界が分かる　松下　貢

中公新書

自然・生物